为 人 生 提 供 领 跑 世 界 的 力 量

BLACK SWAN

（Glennis Siverson供图，www.glennisphotos.com）

2010年10月，在圣莫尼卡码头，天气的寒冷和内心的激动让我瑟瑟发抖。当时我正在录制音乐专辑《多一些》。

（Allen Mozo 供图）

第一次冲浪我就爱上了这项运动，贝诗尼·汉米尔顿在给我指导。

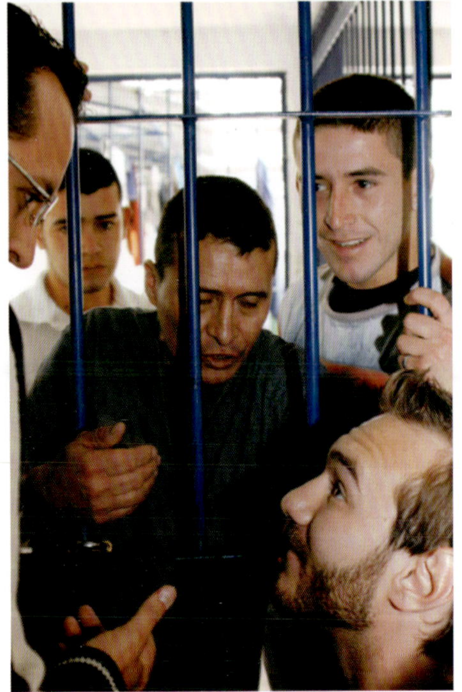

2008年，在印度苏拉特市，五天之内有35万人来听我演讲。这张照片是11万人在听我演讲——我的听众规模创下了最高纪录。

2008年，在哥伦比亚，这是一个让人心跳停止的瞬间。跟我面对面的小伙子对我说，他被判入狱25年，但是艾滋病很快就会夺去他的生命。他脸上挂着喜悦的神情说，他已经找到了耶稣，因此我应该向全世界宣布“这个人拥有自由并且满心欢喜”。

同是那次印度之行，在同一个城市里，我拜访了一所学校。我喜欢跟孩子们踢踢足球，向他们展示我如何用嘴巴写字，然后给他们作了一场小小的演讲。

我一直都想看看狮身人面像和吉萨金字塔。埃及人知道我什么东西都摸不着，所以让我到了只有总统才能进的地方。

这是我站在中国的长城上。我一生中最想去的地方又实现了一个，那感觉棒极了！

我喜欢跟世界各地天真无邪的孩子互动。

在中国，我见到了四川地震的受灾者，这个年轻人主动提出跟我比赛在舞台上下往返跑。我很荣幸为数千位在地震中失去家园的听众演讲，他们的坚强让我自愧不如又备受鼓舞。

在纽约街头，我跟在那里流浪多年的男人谈笑风生并拥抱了彼此。

一个人发现她还有希望……还有人关心，于是如释重负，发自内心地放声大哭，让听者为之动容。

我们都需要希望和鼓励。在一个养老院，我对这个老人说，我很嫉妒她，因为她比我更靠近终点。

这是我所经历的最能改变人生的日子之一。我跟这些女人待在一起，听她们讲述被绑架和被迫成为性奴的故事。从她们口中，我还知道她们的境况和内心得到了怎样的改变。

由于感觉到牙齿松动，我不能叼着笔签太长时间的名，但当我做这件事的时候，我内心知道，得到签名的人会因这份礼物永远记住这鼓舞人心的一天。

这是我的招牌动作！我喜欢观众席在我起身之前鸦雀无声。

我爱丹尼尔——他是那么可爱的一个小家伙！我到他的学校鼓励那里的教育工作者们在教学方面对他和其他孩子一视同仁。我听说丹尼尔在某些方面的成绩甚至超过了他的同学们。

我该怎么说呢？印度最漂亮的小姑娘！

2012年2月12日，我们说出了“我愿意”，成了胡哲先生和胡哲太太，共同沐浴在无法言喻的爱情中。自我的灵魂得到救赎和追随耶稣后，她是我获赐的最好的礼物！爱你，宝贝。

永不止步

寓信念于行动的惊人力量

UNSTOPPABLE:
The Incredible Power of Faith in Action

（澳大利亚）力克·胡哲（Nick Vujicic）著
刘琨　译

长江出版传媒 | 湖北教育出版社

图书在版编目（CIP）数据

永不止步 /（澳）胡哲著；刘琨译. —武汉：湖北教育出版社，2016.6

ISBN 978-7-5564-1045-3

Ⅰ. ①永… Ⅱ. ①胡… ②刘… Ⅲ. ①成功心理－通俗读物 Ⅳ. ①B848.4-49

中国版本图书馆CIP数据核字(2016)第072586号

版权登记号　图字：17-2016-108号

出版发行　湖北教育出版社
邮政编码　430070
电　　话　027-83619605
地　　址　武汉市雄楚大道268号
网　　址　http://www.hbedup.com
经　　销　新华书店
印　　刷　北京嘉业印刷厂
开　　本　880mm×1230mm　1/32
印　　张　8.25
字　　数　200千字
版　　次　2016年6月第1版
印　　次　2018年9月第8次印刷
书　　号　ISBN 978-7-5564-1045-3
定　　价　32.80元

如发现质量问题，可联系调换。质量投诉电话：010-82069336

深切追念我的岳父宫原清志，我们终将在天堂相会。

谨以此书献给我的妻子佳苗·洛伊丝·胡哲宫原，自从我的灵魂得到救赎之后，她是我获赐的最好的礼物和最大的快乐。

永不止步

目录

UNSTOPPABLE:
The Incredible Power of Faith in Action

第三章 关于爱情

第四章 有热情、有目标的人生

第五章　身残志坚

第六章　战胜自己

第七章　伸张正义

永不止步

UNSTOPPABLE:
The Incredible Power of Faith in Action

第八章　退一步海阔天空

第九章　播撒善的种子

第十章　平衡生活

鸣谢

关于作者

前　言

欢迎阅读我的第二本书。我姓Vujicic（发音为“武伊契奇”），名Nick[1]。即使你没有读过我的第一本书《人生不设限》，也很可能在YouTube上看过有关我的视频，或者曾亲临我以励志演说家和布道者的身份巡回世界各地的某次活动。

你可能已经知道，或者从封面的照片上看出来了，没错，我一生下来就没有胳膊，也没有腿。然而，缺少四肢并没有妨碍我在各种奇遇中自得其乐，从意义非凡的事业中获得满足感，以及享受亲情、友情和爱情。这些你虽然看不到，但可能已经感受到了。通过本书，我想和你聊聊寓信念于行动所产生的势不可当的力量，正是在这种力量的帮助下，身体残缺的我才能够过上今天这种好得不可思议的生活。寓信念于行动，事关信心与收获，你要相信自己、相信自己的才能、相信自己的目标和人生规划。

① 力克·武伊契奇（Nick Vujicic），中国人习惯称他为力克·胡哲。

之所以写这本书，是源于许多人曾经就他们各自面临的人生挑战向我征询建议与指导，这些人来自世界各地，各个年龄段的都有。通过我的演讲，他们得知我曾经经历了各种考验，战胜了各种挑战，包括我年轻时还有过自杀的念头、担心没有能力养活自己、不知道能否找到一个爱我的女人、多次受人欺凌，还有其他问题和危险——而且绝对不是只有我才会面临的问题。

这些人以口头和书面的形式向我提的问题，以及谈到的人生挑战基本上都在本书各章的话题中给出了解答，其中包括：

- 个人危机
- 爱情
- 事业与职场挑战
- 对健康与残疾的担忧
- 自我毁灭式的想法、情绪和癖好
- 遭到欺凌、迫害、暴行与排挤
- 处理超出我们控制范围的事
- 如何走出去为他人服务
- 找到身体、智力、感情和精神的平衡点

本书所述故事的主人公既有我自己，也有其他曾经坚忍地通过考验与走出困境的人——他们中许多人的故事比我的故事更不平凡，我希望通过这种分享的方式来帮助和激励你应对自己面临的各种挑战。当然，我并不能针对所有的问题给出答案，但是我本人的确从许多智者那里得到过很好的建议，得到过爱与福佑，这些都令我受益匪浅。

我相信，你会发现本书中给出的指导建议不但切实有效，而且鼓舞人心。在阅读过程中，你一定要时刻记住，你绝对不是孤身一人，这一点很重要。你的朋友、家人、伙伴、老师、咨询师、牧师都能够向你伸出援手，不要觉得自己必须独自承受所有负担。

你还要牢记一点，那就是你所面对的考验很可能是很多人都曾经面对和遭遇过的。本书也会讲到其他人的故事，其中有的是我认识的人的故事，有的是一些人通过写信的方式与我分享的他们的经历。有些故事的主人公被我隐去了姓名，但故事本身是真实发生过的，而且其中展示的勇气、信念和坚忍永远都有激励的作用。

小时候我一直在努力接受身体残疾的事实，我以为自己所经历的痛苦无人能及，以为我所面临的难题无法解决，结果证明我错了。我以为自己没有四肢的事实说明上帝不爱我，说明我的人生没有希望，我还觉得没有人能够分担我的烦恼——即便是那些关心和爱护我的人。

我所有的这些想法都大错特错，承受磨难的人并不是只有我一个。实际上，许多人应对过的挑战更甚于我的。上帝不但是爱我的，而且他把我创造出来的目的绝对不是我在孩提时代就能够洞悉的。每一天，上帝都用他的方式不断带给我惊喜与感叹。

同样地，只要你存在于这个世界，那么就一定有一个目标、有一个计划要由你去完成。你身边有许许多多愿意帮助你应对挑战的人——也就是那些爱你的人和专业人士。你所承担的烦恼或许看似令人却步，但就像你接下来在本书的内容中将会领悟到的一样，寓信念于行动的力量真的令人难以置信。

要领会到这一点，你只需要想着，连我这个四肢全无的人都能够环游世界，走出去面对数以百万计的人，并享受他们给予我的无限的快乐与爱。我和你日常见到的每一个人都不是十全十美的，我有时欢喜，有时忧愁，当挑战来临，我也可能会被打倒。然而我很清楚，在力所不及的地方，上帝必孔武有力，而当我们寓信念于行动，我们就会变得势不可当。

永不止步

第一章 寓信念于行动

UNSTOPPABLE:
The Incredible Power of Faith in Action

2011年的行程中，我在墨西哥一站的演讲就要结束了，这时美国驻墨西哥大使馆的一名官员打来电话通知我，说由于“国家安全调查”的缘故，我的美国工作签证被暂时搁置。

我是澳大利亚人，所以必须凭借那张签证才能够在美国生活，没有它，我就无法回到我在加利福尼亚州的家。我的员工已经为我制作了日程表，接下来有一系列的演讲地点都在美国，所以眼前这个问题很棘手。

第二天一早，我和我的护理员里奇赶到美国大使馆，想弄清楚我的签证和国家安全究竟有什么关系。到了那儿之后，我们发现宽敞的接待区已经塞满了人，都是来这里办事的。我们不得不取了号等着，那感觉很像待在面包房里。队伍实在是太长了，我美美地打了一个盹儿之后，终于轮到我们去见签证官。

当情绪紧张的时候，我就会幽默一下，但这招儿并不是百试百灵。“我签证页上的指纹有问题吗？”我开玩笑道。使馆的那个人瞪了我一眼，然后叫来了他的上司（或许我的幽默感威胁到了美国的国家安全）。那位上司来了，表情也非常严肃。我脑海里浮现出自己在铁窗里的样子。

“作为调查工作的一部分，你的名字已经被加上特殊标注。”那位上司像机器人一样陈述着。

“在取消标注之前，你不能回到美国，而这个流程需要一个月的时间。”

我的身体有种血液流干的感觉。不能这样！

里奇倒了下去。一开始我以为他是晕倒了，但实际上他是双膝跪下，开始当着两百号人的面祈祷。没错，他是一位非常体贴的护理员。他举起了双臂双手，祈求上帝赐予奇迹——让我们回家。

我身边的所有东西都好像在一边快进，一边慢镜头。就在我的大脑飞速运转的时候，使馆的那名官员又加了一句，说可能是因为我在世界各地旅行得太过频繁，所以名字才被特殊标注。

他们怀疑我是国际恐怖分子吗？一个没有胳膊的军火商[①]？

坦白地说，我从来没碰过任何人一根手指头[②]。（现在知道我紧张的时候会发生什么事了吧？还不快点拦住我！）

“别逗了，说真的，我能带来多大的危险？”我问使馆的那名官员，“明天我要在总统府见墨西哥总统和他的夫人，那是一个为‘三王节[③]’而设的派对，可见他们并没有把我看作危险分子。”

那个美国人不为所动。“就算你要见奥巴马总统我也不在乎，在调查结束之前，你不能再进入美国境内。”他说。

可惜我的日程表已经被一长串回到伟大美国后的演讲活动塞得满

① an arms dealer with no arms，此处第一个arm意指军火，第二个arm意指胳膊。

② 因为胡哲没有手，这也是他在展示自己的幽默。

③ 墨西哥人的圣诞节，在1月6日。

满登登，否则这种情况会让人觉得很好笑。我一定要回家。

我不打算在这间屋子里坐等某个人做出判定，说力克对美国人来说是绝对安全的。我又用了几分钟来恳求使馆的那名官员，向他解释我的工作职责，并提到一些重要人物的名字，还特别强调我有一群员工要养活，有一群孤儿要照顾。

他在电话里跟他的上司确认过后说："他们所能做的一切就是尽量加快进度，不过还是需要至少两个星期。"

按照日程表，这两个星期里我大概有十二场演讲，但是使馆的那名官员并不同情我的境遇。当时我所能做的就是回到酒店，开始疯了一样地打电话给我认识的每一个人，寻求他们的帮助和祈祷。

我要运用寓信念于行动的力量。

只是简简单单地说一句"我相信……"是不够的。如果你想要对这个世界产生影响，就必须把你的信心与信念付诸行动。在这件事上，我相信祈祷的力量。我打给我在加利福尼亚州的非营利性组织LWL（没有四肢的生命，Life Without Limbs）的工作团队，让他们启动一个祈祷链①。我对他们说："我们要沿着这条指挥链②——'上达天听'！"

LWL的员工打了许多通电话，发了许多封电邮、Twitter（推特）和短信。不到一小时，就有一百五十个人开始为我的签证问题能够得到迅速解决而四处活动。我也开始打电话给可能发挥影响力的朋友与支持者，还有亲戚、邻居或者在美国国务院工作的老同学。三小时

① prayer chain，当组织成员有突发性的需要或帮助时，可以通过祈祷链以最短时间知会全体组员，以得到帮助和支持。

② chain of command，在组织内从上到下，因直线职权的存在而形成的一条权力线，即指挥链。

后，有人从驻墨西哥大使馆打来电话。“真是难以置信，你的特殊标注已经被取消了。”那名官员说，“调查结束了，明天早上你可以来取更新过的美国签证。”朋友们，这就是寓信念于行动的力量！它能够移动大山，自然也能够把力克移出墨西哥。

为信念行动

在环游世界的过程中，会有面临挑战的人向我寻求建议和祈祷。大多数情况下，他们内心清楚自己需要做什么，但害怕通过寻求帮助和相信上帝来做出改变或迈出第一步。你也一样，你面对的挑战可能让你感到无助、恐惧、彷徨、麻木、茫然和不知所措。这我理解，因为我也曾如此。每当有年轻人来找我，告诉我有人欺凌他们，说他们感到自己在这个世上失落而孤独，或者跟我说那些残疾、病痛或自我毁灭的想法让他们心生恐惧的时候，我完全懂得他们的意思。

我身体的问题是显而易见的，然而即便如此，只要人们跟我聊上几句，或者听几分钟我的演讲，就会了解我有多快乐。所以他们经常问起我是如何保持乐观心态的，以及我克服残疾的力量来自何处。我的回答向来都是：“我祈祷上帝的帮助，然后寓信念于行动。”我有信仰，不过我没有确凿的证据来证明我所相信的那些东西存在——它们是我看不到、尝不到、摸不到、闻不到也听不到的。最重要的是，我相信上帝。虽然我看不到他，也摸不到他，但是我相信他把我创造出来自有他的用意，而且我也相信，当我寓信念和信心于行动的时候，就等于是让自己处于上帝的福佑之中。

我会一直得到自己想得到的吗？不会！但是我会一直得到上帝想让我得到的。这个道理对你也适用。不管你是不是基督徒，你都绝不能以为简简单单地相信某样东西就足够了。你可以相信你的梦想，但是你必须为实现这些梦想而采取行动。你可以相信你的才干，相信你的能力；但是如果你不去开发它们，不付诸实践，它们又好在哪里呢？你可以相信自己是一个善良热情的人，但是如果你不以善心和热心待人，又怎么证明它们的存在呢？

你有一个选择的机会，那就是选择相信或者不相信。但是如果你相信——不管你相信的是什么，你都必须为之行动起来。否则，又为什么要相信呢？你可能经受过事业、情感或健康方面的挑战，也可能曾经被虐待、被辱骂或者被歧视。如果你不能采取行动来自我定义，那么发生在你身上的这一切就会定义你这个人或者你的人生。你可以相信你的才能，你可以相信你有给予爱的能力，你可以相信你能够克服你的病痛或残疾，但是这种信心本身并不会给你的人生带来积极的改变，你必须将其付诸行动才可以。

如果你相信你能够让自己的人生变得更加美好，或者相信你能够造福你所在的城镇、国家或世界，那么就请为这些信心行动起来。如果你认为自己的创业点子很好，那么就必须投入时间、金钱和人力来实现它。否则，光有点子又有什么用呢？如果你认定了一个自己希望与之度过后半生的人，那么为什么不行动起来呢？你会因此失去什么呢？

寓信念于行动的回报

拥有信念、信心和信仰是件好事，但是你的人生取决于你以这些为基础而采取的行动。你可以利用你所相信和信仰的这些东西来创造美好的生活。比如我，就是因为相信我能够给面临人生挑战的人带来激励和希望，所以为自己创造了美好的生活。这种信心植根于我对上帝的信仰。我相信，他让我存在于这个世上是为了让我去关爱、鼓舞和激励他人。

生下来就没有四肢并不是上帝惩罚我的方式。我现在已经明白了这一点，并且开始意识到，这种“残疾”实际上会增强我的能力，让我更好地以演讲家和布道者的身份实现上帝为我设定的目标。你可能会误以为我是在信仰方面经历了很大跨越之后才有此感受，因为大多数人都觉得我没有四肢是一种重大残疾。实际正相反，上帝利用我没有四肢的事实来吸引人们对我的关注，特别是其他残疾人的关注，由此我才能够通过传达有关我的信念、希望和爱的信息来激励和鼓舞他们。

雅各在《圣经》中说：“证明我们信念的是我们的行动，而不是我们的语言。”他在《雅各书》第二章第十八小节中写道：“这时候或许有人要争辩，‘有些人有信念，而另一些人有善举’。但是我说，如果你没有善举，那么如何能让我看到你的信念？我会用我的善举让你看到我的信念。”

我听过这样一种说法，我们的行动与信念和信心的关系就好比我们的肉体与精神的关系。你的肉体是你的精神的载体，前者证明了后者的存在。同样，你的行动是对你的信念和信心的证明。你一定听说过“言行一致”这个词，你的家人、朋友、老师、老板、同事、顾客和客户都期望你的行动和生活与你所宣称的信念和信心一致。如果你做不到这一点，他们就会对你有意见，对吗？

我们身边的人对我们的评价是基于我们的做法，而不是我们的说法。如果你自称是贤妻良母，那么在某些情况下你就会将家人的利益置于自己的利益之上。如果你认定你的目标是向全世界展示你的艺术才能，那么人们对你的评价就会基于你的作品，而不是单凭你的构想。你必须做到言行一致，否则你就没有信用可言，无论是对别人还是对自己，因为你对自己也会有言行一致的要求，否则你的生活就永远都不会和谐，也不会满足。

《圣经》教导我们，上帝的评判是基于我们的行动，而不是我们的语言。《启示录》第二十章第十二小节中说：“于是我看到那些死去的人大大小小地站在上帝面前；书卷都是翻开的，有一本书也是翻开的，那是人生的书卷：书中的内容都是根据那些死者的作为写成的，那就是评判他们的依据。”我为信念行动的方式就是周游世界各地，鼓励人们相互关爱，并热爱上帝。那个目标让我觉得满足，我真心相信那正是上帝把我创造出来的目的。当你带着信心行动和寓信念于行动的时候，你也会获得满足感。如果你对自己的目标和如何为之行动缺乏持久而确定的信心，那么不要灰心丧气。我曾经挣扎过，至今仍在挣扎。你也会这样。我会失败，距离完美更是差了十万八千里，但是我们的所作所为本身就是成果——是诚心信奉真理至深的结果。能够让我们得到解脱的是真理，而不是目标。我之所以找到了自己的目标，就是因为我一直都在寻找真理。

在逆境中很难发现目标或美好，但这是发现之旅的必经之路。为什么一定要经过这段路程呢？为什么不干脆让一架直升机带上你，直接把你送到终点呢？因为身处逆境会让你学到更多东西，具有更强的信念，更加爱上帝，也更加爱你的邻人。这条信念之路始于爱，也终于爱。

美国奴隶出身并最终成为社会活动家的弗雷德里克·道格拉斯说：“没有挣扎，就没有进步。”你所面临和克服的挑战会成就你的人格。当面对自己的恐惧的时候，你会变得更加勇敢。你的力量和信念就在经历人生考验的过程中得以建立。

我的行动信念

我常常发现，当我们寻求上帝的帮助，然后采取行动时，只要心里想着他在注视着我们，就没有什么可害怕的。我的父母通过他们的日常生活方式教我懂得了这一点。他们是我所见过的寓信念于行动的最伟大的范例。

虽然我来到世上的时候遗漏了——就像我母亲说的那样——“一些零部件”，但是我在很多方面是幸运的。我的父母永远都在支持着我。他们从来不溺爱我，而是在我需要的时候训导我，并且给我留出犯错的空间。最重要的是，他们两个本身就是我了不起的榜样。

我是家里的第一个孩子，而且绝对是出人意料的一个。虽然我母亲的医生为她做了产前的所有例行检查，但没有发现任何迹象说明我会没胳膊没腿地来到这个世界。我母亲本人就是一名经验丰富的护士，协助过几百次接生工作，所以她在孕期把所有预防措施都做过了。

不用说也知道，当没有四肢的我呱呱坠地的时候，她和我父亲都惊得目瞪口呆。他们两个都是虔诚的基督徒。事实上，我父亲还是一个带职传道人。出生后有好几天的时间我都在接受身体检查，而这期间我的父母一直都在祈祷上帝的指引。

跟所有婴儿一样，我出世的时候也没有带着说明书来，但是我的父母肯定希望能得到一点点指引。在这个为健全躯体而设的世界上，他们所认识的父母中没有一个有抚养缺少四肢的孩子的经历。

他们最初是感到手足无措的，换了任何一对父母都会如此。愤怒、自责、担忧、沮丧、绝望——在最开始的大约一个星期里，他们纠结于各种情感之中。那是一段以泪洗面的日子。他们本来想象的是一个全须全尾的孩子，结果却没能如愿，这让他们伤心欲绝，而担心我的人生从此将会荆棘重重也让他们悲痛难当。

我的父母无法想象，在上帝心里，会为这样一个男孩儿做出怎样的安排。然而，在从最初的震惊中恢复过来的第一时间里，他们就决定相信上帝，并且寓信念于行动。他们不再花费心思去弄明白上帝为什么给了他们这样一个孩子，而是决定接受他的安排——无论这安排是什么，然后开始竭尽所能地抚养我，这也是他们唯一能做的事：每天都向我倾注他们全部的爱。

为某个目标量身定做

我的父母在尝试过澳大利亚所有的医疗资源后，又在加拿大和美国为我四处求医，并且不放过世界上任何一个能够提供希望和信息的地方。他们虽然得到了很多理论方面的东西，但一直都没能找到针对我这种情况的完整的医学解释。几年后，我的弟弟亚伦和妹妹米歇尔相继出生，他们都四肢健全，如此看来基因缺陷不是问题所在。

过了不久，为何我被创造成现在这个样子就不再是一个重要的问题，取而代之的是如何让我生存下去。比如：这个男孩儿该如何学会不用腿走路？如何生活自理？如何上学？如何在成年后养活自己？当然，有这些担忧的人并不是襁褓中的我，那时候我还不知道自己的身体并非标准配置。我以为人们盯着我看是因为我太可爱了。我还相信自己是摧不垮也挡不住的。当我习以为常地把自己像一个人体布袋一样从沙发上扔到地板上，在车座上动来动去和在院子里打转儿的时候，我可怜的父母亲就忍不住泪水夺眶而出。

你一定能够想象出，他们第一次看到我乘着滑板从一个陡峭的山坡上冲下来时的那种担心。看哪，妈妈，不用手也能动！尽管他们细心周到地为我准备了轮椅和其他工具，但我依然执拗地开发我自己的移动手段。每当我需要从卧倒的姿势改为直立时，我都坚持不用别人帮忙，而是用额头顶住墙面、家具或其他任何静止的物体，然后慢慢扭动着身体立起来，所以我前额的皮肤就像大多数人的脚后跟那样粗厚。

让许多不知情的旁观者感到震惊的是，我居然还喜欢往游泳池和湖里跳，那是因为我发现只要稍稍憋气就可以让自己浮在水面上，同时再用我的小脚划水，这样就可以游泳了。后来的事实证明，那个方便小巧的器官相当有用，因为在接受一次手术后，我那两个粘连在一起的脚趾被分开，让我能够灵活运用它们，而且熟练度简直惊人。在有了手机和笔记本电脑之后，我还能够用脚趾来打字和发短信，说明这只小脚也是一种福佑。

我终于懂得了一个道理：精力应该放在解决方案上，而不是被浪费在问题上；应该专心做事，而不是一味忧虑。我发现当自己置身于某件事的进程中，就会有种雪球效应。我的动力被激发，我解决问题的能力会提高。都说天道酬勤，如今在我身上实实在在地发生了。随着时间的推移，上帝为我设计的人生逐渐揭晓。如果你把自己的恐惧和担忧交付给上帝并寓信念于行动，同时积极寻找出路，积累动力，并相信上帝会为你指明道路，那么这些恐惧和担忧最终也会烟消云散。

在今后的日子里，你仍会面对挑战和挫折。它们本来就是人生的一部分。但只要你寓信念于行动，就会变得势不可当，并把一切障碍看作学习和成长的机会。说实话，我自己也不是一直都喜欢挑战的。有时候当挑战一来，我就想问问上帝："难道你给我的挑战还不够多吗？"但是这种事发生得多了，如今我已经能够运用自己所学，让这些经历由难事变成好事。

我曾经有过太多次这样的学习机会，所以现在才能"久病成良医"。就像你可能已经想象到的，我的最大障碍发生在青春期。在人生的那个时期里，我们都在努力想清楚自己是谁，能扮演什么样的角色——或不能扮演什么样的角色。

尽管我有许多朋友，在学校里人缘也不错，但还是难免被恃强凌弱者骚扰。我曾不止一次遭遇别人的恶言恶语。虽然我天性乐观、意志坚强，但还是逐渐认识到自己永远都不会像其他人一样，也不可能做到健全的正常人能做到的每一件事。

我经常拿自己没有四肢的事来开玩笑，于是越来越为一种想法而痛苦，那就是我无法养活自己，因此会成为那些爱我的人的包袱。我的另一大恐惧源于我永远都不能结婚成家的想法，因为没有哪个女人会愿意要一个不能拥抱她、保护她，也不能抱起孩子的丈夫。青春期那些年里，我经常焦躁不安、心理忧郁。我想象不出上帝为什么要把我创造出来，让我承受这样的失落和孤独。我想知道他是否在惩罚我，甚或是否知道我的存在。我的出生是一个错误吗？上帝爱他所有的孩子，又怎么能对我这么残忍？

从八岁长到十岁的那段时间里，那些消极的想法引发了我的绝望和自我毁灭的冲动。我开始想办法自杀。我记得自己精心策划着从高处跳下来或者把自己淹死在浴缸里，因为自从我学会游泳后，父母就不再担心把我一个人留在浴缸里了。

十岁那年，我终于实施了在浴缸里自杀的想法。我试了几次把身体翻过来，然后把脸埋在水下，但是怎么都坚持不下来。我不断想着，如果我结束了自己的生命，那么父母的后半生就会在痛苦和自责的重压下度过。我不能这样对他们。

在那段情绪最低落的时间，我看不到自己的人生有什么目标。如果我不能养活自己，也不配拥有一个女人的爱，那我还能有什么用处呢？我担心自己将会孑然一身，虚度一生，而且还是家人的包袱。我青春期的绝望源于对自己本人、对自己的目标、对自己的造物主缺乏信念。我看不到出路，因此不相信自己有可能拥有一个目标明确而有意义的人生。因为上帝没有满足我的请求，赐予我长出四肢的奇迹，所以我就对他失去了信念。

你可能也有过类似的经历，或许你眼下就在应对一场挑战。若果真如此，那么请理解失去信念让当时的我错得多么离谱，眼界变得多么狭隘。我忘记了一点，上帝是不会犯错的，他对我们自有安排。

在接下来的几年里，我越来越了解上帝的用心，而且我的人生画卷开始以我做梦都不敢想的方式铺展开来。我的父母鼓励我走出去，到同学们中间，要我相信大多数世人是愿意接受我的。当我照做的时候，我发现实际上我战胜残疾的故事令他们备受鼓舞。有些人甚至觉得我这个人很有趣！他们的认可激励了我，我开始到学生社团和教会组织中去演讲。那些积极的回应让我豁然开朗。时间一长，我意识到自己的目标之一就是激励人们去战胜他们各自面对的挑战。

我开始相信自己的个人价值。随着我把对上帝的信念更多地付诸行动，那些信念本身也越来越强。当我寓信念于行动，并且开始投入作为国际演讲家和布道者的事业时，我收获了一种快乐和一个非常有价值的人生，它让我周游世界各地，让数以百万计的人都认识我，而现在你也认识了我！

不需要证明

你和我都看不到上帝为我们准备了什么。正因为如此，你才不应该断定那些最可怕的担忧就是你的宿命，不应该断定你跌倒后就不能再站起来。你一定要对你自己、对你的目标和对上帝为你做出的人生规划有信念。然后一定要把恐惧和不安抛在脑后，并相信你会找到出路。也许你猜不到前路有些什么，但是对人生施加影响总好过仅仅让人生对你施加影响。

如果你有信念，就不需要证明——它本来就存在于你的人生之中。你不需要让所有的答案都是正确的，只要问题是正确的就好。没有人知道未来是怎样的。大多数时候，上帝的计划不是我们所能掌控的，通常甚至不是我们所能想象的。当年那个十岁的男孩儿绝对不会相信，用不了十年时间，上帝就会送他去世界各地为数百万人演讲，激励他们并指引他们信奉耶稣。我还没有想到的是，某一天会有个聪明、活泼、勇敢、漂亮的姑娘爱上我，而且那种爱比家人对我的爱有过之而无不及，而这个姑娘就是我新过门的妻子。当年那个一想到未来就陷入绝望的男孩儿如今已经成为一个淡定的男人。我知道我是谁，我一步一步前行，心里想着上帝就在我身边。我的人生，目标明确，洋溢着爱。那么，我的所有日子都是无忧无虑的吗？我每天都能享受到阳光和鲜花吗？不是的，我们都知道人生并非如此。但是上帝让我沿着他早已设定好的道路前行，因此这个过程的每时每刻都让我对他充满感激。你和我生存在这个世上都是带着目标的。我已经找到了我的那个，而听了我的故事后，你也应该确信你的那条路正在前方等你。

信心与收获

只要你肯相信你会找到属于自己的目标，并一步步在发现之旅上前行，你就会像我一样认识到，上帝为你做出的人生规划远远超越了你的想象。举个例子，我可能永远都不会被赐予长出四肢的奇迹，但是我曾经有好多次看到自己成为别人眼中的奇迹。我所有的经历，包括令我试图自杀的那种绝望，都让我能够充分理解其他人的挣扎。

我这个奇迹能够打开你的眼界、鼓舞你的意志、激发你的勇气，让你相信有人爱你，让你为目标努力前行。

爱把信念注入行动

寓信念于行动归根结底都是为了爱。我爱你至深，所以才对你关怀备至，愿意为你服务，帮助你、聆听你、激励你、鼓舞你。它最终总会还原成爱。我们都拥有无限爱的能量，所以我们要激活那种爱。这并不只是为了实现我们的目标，还是为看到全世界人民都过上安宁满足的生活而贡献出自己的力量。如果你的旅程以爱为始、以爱为终，那么我希望自己能融入上帝赐予的爱之中，带你走完全程。

门徒保罗说："如果我能讲人类或天使的语言，但没有爱，那么我就只是一面叮当作响的锣儿或钹儿……如果我有移山的信心，但没有爱，那么我就什么都不是。"

这个世界经常看似冷酷无情，以至于置身其中的我们很容易忽略上帝爱我们的事实。上帝派了圣子耶稣来为我们付出，为我们牺牲。他一直都在那里守护着我们。如果你了解到上帝的力量，那么你想要做的一切就只是爱他和爱你身边所有的人。不过有时你可能会忘记这一点。我知道我自己就曾经忘记过。可是如今我发现了，当我对上帝为我做出的计划感到困惑不解的时候，当我拼命挣扎着想去弄懂自己应该做些什么去实现他的目标的时候，他就会安排某个人出现在我的去路上，或者创造一种环境来揭晓那个目标或检验我是否言行一致。就这一点来说，我在卡米洛亚加事件期间的经历就是新近发生的最有说服力的例证之一。

菲利普在智利一个电视脱口秀节目中做了很多年的主持人，那是智利开播时间最久的脱口秀节目*Buenos Dias a Todos*，其人气不亚于美国的《奥普拉脱口秀》，翻译过来就是“大家早上好”。和菲利普搭档主持的是卡罗莱纳·德·莫拉丝。这个脱口秀是TVN（智利国家电视台）所有同类节目中收视率最高的一个。2011年9月，在第二次拜访智利期间，我受邀上了那个节目。按照计划，访问要进行二十分钟，这个时间对于一个特邀嘉宾来说已经算是很长了，特别是现场还需要一个翻译。然而那次我和菲利普与卡罗莱纳聊了四十分钟，这在同类节目中几乎是闻所未闻的。还有一样对我来说更奇妙，那就是这两位主持人有意让我详细聊聊我的信念对于我的意义，以及我如何将这种信念付诸行动——以布道者和励志演讲家的身份环游世界。菲利普似乎对我传达的信息表示出了浓厚兴趣，这倒是出乎我的意料。

虽然我并不十分了解他，但是我知道他的名气——菲利普很可能是智利最有名的单身汉。长久以来，他的爱情生活一直都是媒体热心追逐的话题之一。在很多人眼里，菲利普似乎仅仅是一个名人，但是在我们的访问中，他认真地问了很多精神层面的问题。

比如他问我，我是怎样认识上帝的。我说那需要信念，是相信某种东西的行为，是没有物质可以证明的。我说我相信耶稣就是通向天堂和永生的路。我还向卡罗莱纳和菲利普以及他们的电视观众坦言自己是一个贪婪的人：在人世间活九十年对我来说还不够，我想在天堂里永生。我说：“正因为如此，我才拥有力量。我的壁橱里始终都有一双鞋子，因为我相信奇迹，但是没有什么奇迹能够比看到有人信奉上帝更重要。所以为信念祈祷吧，上帝总有一天会向你伸出援手。”

我讲话的时候全身心都充满着感激之情。能够如此公开地表达我的信念，能够在菲利普的电视节目中如此畅所欲言，真是三生有幸。我还注意到，我说的那些话似乎让菲利普特别感动。他热泪盈眶，而卡罗莱纳似乎也听得聚精会神。

我很自然地把他们表现出来的兴趣当作让我滔滔不绝的许可证。当他们问起我的信念是否有限度的时候，我回答说，尽管我不能说事事皆有可能，但是“无论遭遇到什么，我内心的快乐和安宁都是无限的”。现实是人们要忍受病痛、经济困境、关系破裂，还有失恋。每个人生都有悲剧上演，而我相信我们应该从中学到东西。我希望的是，当在痛苦中煎熬的人们看到我这样快乐地生活，他们就会想：“如果没有四肢的力克都在感恩，那么我也要为今天的生活感恩，我要尽我所能。”

我跟卡罗莱纳和菲利普说，几个月前我刚有过一段痛苦的经历（这件事稍后我会用更多的笔墨介绍）。“我一直都相信上帝的存在，但他有时还是让我感到困惑。要走过一段低谷并不是件容易的事，但只要心里记住，‘在这段低谷中我能学到用其他方式学不到的东西，我之所以能成为今天的我，就是因为我曾经有过的那些经历’。”我对他们说。

你可能也曾经被一些事弄得不知所措，无法理解那些事怎么可能是上帝为你所做的人生规划的一部分。就像我那天对两位电视主持人说的，只要带着信念一步一步前行，知道每一天、每一次呼吸、每一刻都是上帝赐予的礼物，那么就有可能熬过那些哪怕是最黑暗的日子。

在我讲话期间，自始至终都不曾有人示意两位主持人把我打断，向我致谢[①]，请我离场，这让我颇感惊讶。节目进展到一定时候，菲利普还拿出了一个英式足球，要我展示自己世界级水平的足球技能，你肯定能想到的，那不过就是头球和点球而已。

---

① 致谢通常暗示节目结束。

让我惊喜的是，他们居然还播放了我刚刚发行的音乐专辑。最后，节目进入尾声的时候，由于我非常感激他们给予我的一切，以至于足足用了五分钟时间来感谢菲利普、卡罗莱纳和所有的电视观众。然后我为他们祈祷，请求圣灵下来触摸他们的心灵，赐予他们力量、安宁和抚慰，好让他们知道上帝爱他们，对他们自有安排，并会一直与他们同在。

当时我又一次等着有人拿钩子来把我扯到后台，但一直都没有等到。说真的，那天我占用了太多的播出时间，以至于我开始怀疑是不是我的父母、我的堂表兄弟姐妹和超级粉丝们秘密入侵了演播室，强占了导演的位子，控制了摄像机。后来我才知道，原来节目导演是我的超级粉丝，他告诉工作人员只管继续。事后导演热泪盈眶地向我表示诚心感谢。从他们口中我得知，他们从来不曾得到过这么积极而迅速的电话反馈，因此非常感谢TVN让我来分享自己的故事。

在信念的指引下

那次参加菲利普和卡罗莱纳的早播节目对我来说实在是个很难忘的经历，以至于下午返回酒店时我还感觉亢奋。为了舒缓情绪，我放了些音乐，并漫不经心地上了一会儿网。然后酒店房间的电话响了，打电话的是我在那个节目中的翻译。她说刚刚发生了一场事故，建议我马上打开电视新闻。于是我看到一则紧急播报闪现，里面有菲利普和空难地点的照片。我掌握的那点西班牙语足够让我猜到发生了什么事，是说有一架飞机坠毁在一座遥远的岛上，而让我震惊的是，菲利普居然是二十一名乘客之一，同行的还有另外几名TVN的工作人员。

几支搜救小组已经被派出。由于空难发生在距离智利海岸几百千米远的胡安·费尔南德斯群岛，所以新闻报道很简略。是否有幸存者无从得知。菲利普是五名TVN工作人员之一，他们此行是去其中一座岛上拍摄灾后重建工作的短片，因为2010年2月，那个岛的主城遭遇了地震和海啸。负责报道新闻的记者们说，菲利普他们乘坐的那架智利航空公司的飞机坠毁前曾在恶劣的天气中尝试过两次着陆，还说人们在距离岛上着陆带不远的海上发现了行李和其他残骸。

看到有关空难和搜救工作的报道，我感到天旋地转。虽然我是几个小时前才刚刚认识菲利普的，但是我能看出，我们关于信念的讨论已经对他产生了影响。当我说起我并不满足于在人世间的长命百岁，而是想要在上帝那里得到永生的时候，他似乎真的被打动了。他那些问题的深意，他脸上专注的表情，还有他的情感回应，都让我感觉到这个男人正在寻找一条通往更高境界的精神生活的道路。此刻我脑海中唯一能想到的就是菲利普和飞机上的其他人，以及他们的家人和爱人正在经历的痛苦。我一遍遍地为他们祈祷。除此以外，我很难再集中精力做其他任何事，但是几个月前就已经安排好，我要在第二天晚上为五千人演讲，所以尽管发生了这样的悲剧，我还是必须为演讲做些准备。

媒体把我上过的菲利普的那个节目称作他的“最后一次访问”，因此所有电视台在播放关于搜救行动的残酷报道的间隙，就会重复播放那次访问。几小时过去了，还是没有关于幸存者的消息。最初他们只是找到了残骸，然后我们得知有几具尸体被相继发现，但是身份没有经过确认。

演讲当天的下午，TVN的一名主管联系到我，问我是否愿意回到电视台去做一个现场直播，带领大家为失事飞机上的人和他们的家人、朋友、同事做一次祈祷。我同意了，但是我不知道该如何在带给他们希望的同时又给他们留出哀痛的空间。目前我们还没有听说有人幸存下来，甚至还不知道是否所有乘客都有记录可查。在TVN的电视祈祷时段中，我特意指出，当我第一次看到空难新闻的时候，我对某个人说了一句："谢天谢地，天堂是存在的。"我本来为那些在空难中丧生或受苦的人感到悲伤，但是由于我相信他们会在下一段人生中找到安宁和上帝的爱，所以心里就宽慰了一些。我向人们传递着这样的信息："我的父母曾经这样教育我如何生活，即在耶稣的陪伴下过好每一天，如今我们也会以同样的方式渡过难关。"

揭晓计划

我完成自己的那部分镜头后，TVN的主管要我给他们将近三百名的员工讲话。我不得不集中自己所有的意志力，才能打起精神面对那群悲痛的人。此刻他们正在担心自己的同事已经在空难中丧生。我也悲痛难当，特别是在菲利普和卡罗莱纳的节目中为我当翻译的那个女人走过来抱着我痛哭的时候。她早已把菲利普当作她崇拜的行为榜样，因此这件事让她难过得近乎发狂。在我安慰过她并跟她一起祈祷后，TVN的一名主管把我拉到一边。"力克，我想和你说说昨天在你上过那个节目后菲利普发生了什么事。"他说。我的第一反应是释然，因为在这样一个哀伤的氛围下，他的样子几乎可以用兴奋来形容，但是当他跟我讲起菲利普的事时，我才理解他为什么会有这种快乐的感觉。这名主管就是前一天负责导演我那个节目的绅士，正是他让我的那次访问延长至计划时间的两倍。他对我说，我那天对菲利普的解读是非常精准的。这个电视名人长久以来一直有精神层面的诉求，一直在努力寻找通向上帝的道路。

导演说，他经常和菲利普讨论有关信念的事，希望指引他追随上帝。其实菲利普的内心已经越来越倾向于接受耶稣，但是还没有做出承诺。很久以前导演就告诉过菲利普，说有那么一天，他希望自己能成为全职的传道者，来照顾智利那些有需求的人。在我上过节目后，菲利普说他终于能够看到那种转型的价值了。

导演说，就在飞机失事的几小时前，我可能已经成功地帮助菲利普又向上帝迈近了一步。听到这里，我再一次感激上帝为我所做的计划。想到自己能够成为上帝手中的工具，被他用来福泽其他人，我就感觉自己现有的能力还远远不够。

把握机会

那天入夜后，我在圣地亚哥的移动之星竞技场（Movistar Arena）为五千人演讲。就在演讲进行了几分钟后，一个年轻女子走上台来，在我耳边低声说政府已经正式宣布，菲利普那架飞机上的机组成员和二十一名乘客已经在事故中全部遇难。

这种时候总能对我们造成打击，让人感慨命运不公。然而，当你为朋友或者爱人的离世悲恸欲绝，当病痛、情感破裂或财务危机让你不知所措的时候，你不应该责备上帝。相反，你应该选择坚持信念。你要知道，上帝会以快乐、安宁、力量和爱来抚慰你的心灵。

我为生命的离去悲痛，我感觉自己的心已经飞离身体，和遇难者的家人在一起。然而我心存感激，因为在访问中我对菲利普的那些问题给出的证明和回答可能已经帮助他在通往永恒救赎的道路上又迈进了几步。

在得知没有人从飞机失事中生还后，我停顿了一小会儿，然后把这个消息告诉我的听众们了。于是台下的男男女女开始彼此安慰，许多人靠在身边人的肩上轻轻呜咽着。我让大家跟我一起为遇难者的亲人和朋友祈祷、为TVN的工作人员祈祷、为智利的所有人祈祷。这个美丽的国家在最近几年里不但经历了这次空难，还有几次地震，而在一年前我第一次拜访它期间，还有三十三名矿工在一次矿井坍塌事故中被困。接下来，我向听众们详细讲述了一天前我跟菲利普和卡罗莱纳做的那档精彩的访问节目。我说起他们对我的包容，说他们把访问时间从二十分钟延长到了四十分钟。我还把心里的想法也说了出来："我不知道我与菲利普的第一次见面居然会成为最后一次。"

那种想法真的是悲喜参半。悲的是那天我和菲利普已经惺惺相惜，我本来期望有一天能跟他好好聊聊我的信念，而如今却再也不会有这个机会了。喜的是我没有错过开导菲利普的最重要的机会。我是一个有信念的人，而当菲利普问起的时候，我为他解释了这种信念，并把自己的信仰与他分享，这就是将信念付诸行动。

菲利普和飞机上的其他人再也不能和我们在一起了，这让我心存遗憾，但是能够与这位电视主持人互动，又让我感到无憾。事实上我觉得很庆幸，因为上帝让我有机会将自己的信念与人分享。

只要有为信念或信心行动的机会，你就绝对不应该错过，因为你可能是对某个人产生影响的最后一个人，是最后一个给他勇气和激励的人。我们都不知道自己什么时候会从这段人生进入下一段人生，所以你才应该确定你的人生目标，根据存在来决定你的意识，根据信念来决定你的信心，然后在这些信念的指引下为实现目标而行动。你永远都不会后悔选择这种生活方式。

我向菲利普、卡罗莱纳和他们的数百万观众毫无保留地讲解了我的信念和信心，实事求是地把我的感受和有如此感受的原因分享给大家。我承认自己并非一贯坚强，承认自己偶尔也有疑问，有时也会困惑。我自己有很强的信念，而且在我看来，要让世间万物都各有完美的目标并不容易，但是我之所以努力地激励你，正是为了让你敞开心扉迎接那段通向目标的旅程，为了让你相信在那段旅程中你不是孤单一人。

我不后悔公开和畅谈我的信念。无论你想要为之努力的目标是什么，都应该和我一样这么做。当你把信念和信心付诸行动，就会发现你注定要为之奋斗的人生。

永不止步

第二章
跌倒了，爬起来

UNSTOPPABLE:
The Incredible Power of Faith in Action

我现在还没满三十周岁，但已经在想方设法打造一个有意义的人生。通过我的非营利性组织（前文提到的LWL，没有四肢的生命）、我的演讲和励志教程光盘公司AIA①（态度决定高度）公司，我得以为全世界的人提供服务。在最近这七年里，我已经为超过四百万的人演讲，一年内上的节目有二百七十个之多，同时还在全球各地穿梭，到过四十三个国家。

但是2010年12月，我碰壁了。

有时候，就在人生如流水一般行进，而你在全速前进时，前路会突然出现一个可恶的绊脚石，让你重重地摔一跤！接下来的事你也知道，会有朋友和家人聚拢在你的床边、抚摸你的头发、轻拍你的肩膀，并且告诉你一切都会好起来。

你经历过这种情况吗？或许你此刻正在经历，正在仰面朝天，感觉自己就像古老的蓝调歌曲中唱的那样："落魄太久，万物皆高。"

那种感觉我再清楚不过。实际上在演讲的时候，我经常向听众解

① Attitude Is Altitude，中文意思为"态度决定高度"，是力克·胡哲的演讲和励志教程的光盘公司。

说自己如何在没有四肢可用的情况下起身，以此鼓励他们要想尽一切办法战胜逆境。我说我会猛地俯卧，然后用我自己发明的一套“顶—撑—爬”的动作恢复直坐的姿势。接下来我会告诉听众，即便在看起来“山重水复疑无路”的时候，也终会“柳暗花明又一村”。年复一年地，用这种自力更生的方法起身让我练就了强壮的颈肌、肩肌和胸肌。

尽管如此，有时候为了从挫折中恢复过来，我还是需要好一番挣扎。像经济困窘、失业、情感破裂或失恋这种重大危机，对任何人来说都是难以应对的。如果你已经伤痕累累或脆弱不堪，那么即便是较小的挑战，看起来也有压倒一切的力量。如果你发现自己在应对某次挑战的时候比以往更加辛苦，那么我推荐给你的脱困方法就是心存感激地依靠那些关心你的人，耐心地对待你脆弱的情感，尽全力去想明白现实与情感孰轻孰重，并且寓信念于行动。如果那挑战看起来很难克服，那么你就要循序渐进，每天都坚持下去，同时心里想着：每一次努力都会让你学到宝贵的知识，积累强大的力量。当你知道自己的人生早有规划，知道你的价值、目标和命运并不是由你遭遇了什么来决定，而是由你如何应对来决定时，那么你就一定会找到安宁。

启动力量

在危急关头和面对极致挑战的时候，你就可以采用寓信念于行动的办法，而做到这一点需要三个要素。第一，你需要从内部调整自己，要控制自己的情绪，这样才不会被情绪所控制。由此你就能够掌控自己的人生，并在稳步应对时做到三思而后行。第二，让自己想起过去曾如何靠毅力战胜逆境，而且提醒自己那种经历已经让你变得更加坚强、更加睿智。第三，从外部寓信念于行动，方法就是走出去主动接触别人，不但要从他们那里寻得帮助和鼓励，同时也要为他们提供帮助和鼓励。接受和给予都具有治愈的力量。

我最近遭遇的一次挫折让我消沉了好久，成年后我还从来没有消沉过这么长时间。那段经历一遍遍提醒我，只有信念是不够的，你还必须每一天都将它付诸行动，让它成为你人生的一部分。

此刻我正准备把自己的灵魂赤裸裸地展现在你面前，你会知道，我在那次困境中做出的第一反应堪称最好的反面教材。我要通过分享我的磨难来减轻你的类似痛苦，但是你一定要答应我，说你会牢牢记住这个教训，因为要把它写出来真的不容易。好吗，朋友？

虽然我不希望任何人遭遇困境，但是重大挫折似乎是人生的一部分。我乐于相信，所有难题都是为了让我学到有关自己的重要知识，比如我的人格力量，比如我的信念深度。你可能也经历过挫折，而且我确信你已经牢牢记住了那个教训。个人危机、职业危机和财务危机都时有发生，而且太难应对，所以让人不容易从情感上恢复过来。但是如果你把面对困难当作是学习和成长的机会，你就有可能东山再起，并且变得更加强壮和聪明。如果你的绝望情绪在相当一段时间内都没有得到缓解，或者你长期沮丧，那么就要走出去，主动向你信任的人或者你的心理咨询师寻求帮助。有些形式的情感创伤需要专业人士的帮助，接受专业人士的帮助并不是什么丢人的事，有数以百万计的人都曾经用这种方法让严重忧虑的情绪得到缓解。

困境或悲剧带来的伤心、绝望和痛苦拥有巨大的杀伤力，能够击倒任何一个人。始料不及和应接不暇的事件会让我们疲于应对，而且我们的情感会经受打击、伤害和折磨。在这种时候，你不要把自己封闭起来，这一点很重要。你要允许自己的家人和朋友安慰你，对他们要有耐心，对你自己也要有耐心。治愈需要时间，很少有人能说振作起来就振作起来，所以不要存有这种奢望，而是要清醒地认识到，你必须为治愈付出努力。这个过程不是被动的，你必须亲自触动那个开关，调动起你身体里流淌的每一种力量，包括你的意志力和信念力。

治愈旧伤

当你发现自己由于某件事的发生而过度紧张、多愁善感，并且举止失常时，那么就很有必要把发生在你身上的事和你内心的活动区别开来。我们心里都有因过去的经历而留下的伤疤，有时候那些伤疤还没有完全愈合，所以当你遭遇困境时，旧的伤口会再次开裂。你今时今日感受到的切肤之痛可能会因为从前遭受的伤害而恶化，并且再次带来危险。如果你感觉自己在某种恶劣环境下的反应过激，或者感觉不知所措和无力应对，你就应该问问自己，为什么这件事对你的打击如此之大，你的这种反应究竟是为了眼前发生的这件事，还是为了过去发生的事。

正是这个想法提醒了我，很有必要分析一下2010年后期我的心理感受以及那些感受对我的行为产生的影响。回首往事，我现在明白自己当时遭遇的问题真的算不上大灾大难，它只是看起来很严重而已，因为那时候的我工作太过拼命、旅行太过频繁，以至于无论在精神上、智力上，还是情感上，都处于疲惫的状态。这还是第一次，我的业务中有一项发生了严重的财务问题。而讽刺的是，这个让我一蹶不振的问题居然就发生在我的AIA公司——我的励志演讲和光盘都由它负责营销。当时这个公司的业务需求持续增加，甚至在经济衰退期也是如此，所以我增加了雇员，并扩大了经营。我原以为这家公司运转良好，所以当那些员工告诉我他们发不出工资也付不起开销的时候，我非常震惊。虽然在经济大环境恶劣的时候我们照样做得有声有色，但是购买了我们的光盘和演讲服务但尚未付款的那些大客户突然间不是推迟支付就是压根儿不支付。我们赖以生存的资金迟迟不到账，这是当时最严重的问题之一。另一个大问题就是我这个名叫力克·胡哲的顽固家伙，很早以前就想制作一张基督教音乐的光盘作为励志产品，通过我的营销网络销售出去。在业务蒸蒸日上而我的第一本书登上全球畅销书榜单时，我感觉前景一片大好，所以我决定制作这张音乐光盘，作为AIA公司的产品之一。然而制作成本比我想象的要高得多，结果在它和现金流问题的双重压力下，公司背上了五万美元的债务。这么说吧，我们本来是在以每小时两百多千米的速度前行，可突然间我却不得不猛踩刹车。这不是夸大其词，当时我们一共有十七个项目在开展，结果几乎全部被我取消或者推迟。我对员工说，我们要调整生存模式。这类问题对于成长迅速的公司来说是很常见的，特别是在整体经济形势处于衰退的时候。然而，我被这种事态弄得措手不及，于是心里产生了负疚感。一直以来我都太过专注于实现我为全世界的人提供激励的目标，结果终因力不从心而失败。原因很简单，就是拥有资源和良策并不意味着时机已经成熟。我的行动依据的是力克的时间表，而不是上帝的。

当意识到公司已经陷入债务危机的时候，我立刻觉得自己让所有的员工和信任我的人失望了，这种感觉侵蚀着我。而且我绝望的程度很快就超过了问题的严重程度，我变得忧心忡忡，几乎无法正常工作，这种状态持续了不止一两天。

我的绝望持续了一个多月，之后又过了大约两个月，我才完全从畏缩的阴影中走出来。我对自己失去了信心，而且每每提及刚刚失去的一切我就心痛难耐，那些挫败和打击被我内化在了心里。

我又变回了曾经那个脆弱而没有安全感的男孩儿，我情不自禁地产生消极的想法。难道我偏离了上帝为我设计的轨道吗？给世界各地的人们带去建议、鼓励和精神指引的我扮演的是什么角色？如果我不是演讲家和布道者，还能成为什么样的人呢？我拥有的价值是什么？我不断回想起孩提时代最缺乏安全感的样子。本来不过是短期现金流问题的财务困境重新唤醒了我旧时的担忧，我害怕自己成为亲人的负担。

你一定能想象到，我二十四岁第一次只身移居美国的时候，我的父母该有多么担忧。当时的我一心想要证明自己能够自力更生，并且决定追逐我成为国际布道者和演讲家的梦想。从那时起，我走过了漫漫长路去实现我的梦想和证明我的独立。事实上，我的父母也已经决定搬来美国，这样我的会计父亲就可以进入公司帮我管账，那是他的强项。

在得知AIA公司出现财务问题后，我不得不做出最艰难的决定，那就是打电话给父亲，告知他，他要加入的是一个已经陷入债务危机的公司。他已经下定决心搬到美国，但不知道自己将走入什么样的世界。当时我局促不安，感觉自己辜负了他，让他失望了。

和父亲相比，我一直都是一个充满幻想的人，而且是一个做事冲动的人，而父亲不但注重实际，而且善于分析。在我移居美国之前，他和母亲就提醒过我要认真理财。就在他们要来帮我打理业务的时候，我已经弄得一塌糊涂。我担心的还有，人们会认为我的父母是来救急的，是来挽救他们这个没胳膊没腿又没钱的儿子的！

更糟糕的是，在此之前我已经聘请了一个表弟加入AIA，让他学习如何开公司。我担心他会认为自己一直以来都是在给一个失败者当徒弟。

让人不安的念头挥之不去，过去那些担心失败和成为包袱的想法就像一大群气势汹汹的虫子一样向我扑过来。我工作一直都很努力，而且在发行了第一本书之后，终于看见了隧道尽头的亮光。然后，那亮光熄灭了。

黑暗的一面

忧伤袭来，我连床都不愿意下。尽管我感觉自己的状况不适合给任何人带去激励或鼓舞，但还是必须要完成几个已经安排好的演讲。出席那几次活动的经历令我终生难忘，因为我之所以能够坚持到结束，全靠上帝的慈悲和怜悯。其中一次演讲是在一个励志研讨会上，而就在会议开始之前，我绝望地大哭了足足两个小时。其间有一个朋友一直在我身边，然后他去听了我的演讲，并告诉我，那是我有史以来讲得最好的一次。一开始我不相信他的话，直到后来亲眼看到了录像资料。原来我并不是在靠自己的力量行事，那一晚上帝也很努力。

虽然顺利完成了那次演讲，但是第二天，绝望的情绪再次将我淹没。我吃不下饭，也睡不着觉。焦虑不安在日日夜夜鞭笞着我、折磨着我。朋友，那段日子真是疯狂，奇怪的事情接踵而来。小时候我有个习惯，就是一紧张便会咬嘴唇，如今我又开始这样子了。结果怎样呢？我一整晚都翻来覆去，然后一醒来就发现自己的嘴唇又痛又肿，五脏六腑都揪在了一起。

还有最奇怪的事，我居然有四五天的时间没能想到祈祷，那可是我的日常习惯哪。失去祈祷的能力让我惊慌失措，这么多日子过去了，而我却没有开口祈祷过一次，于是我开始担心自己的精神和心智。

心智涣散让我连最微不足道的决定都做不出来。通常情况下，我在一天时间里会对我的日程、项目和其他业务飞一般做出十几个重大决定。而在困惑不安的那段日子里，我甚至不能决定要不要起床、该不该进食。

不管怎么说，我的萎靡不振都是件很丢人的事，我仿佛变成了另外一个人。有一天，AIA公司的一群员工和承包商一起来到我家，记得当时我试图这样向他们解释自己的转变。

“你们认识的那个力克没了，那个超级幻想家和野心家不见了，”我泪流满面地对他们说，“他完蛋了。很抱歉我让你们失望了。”跟我关系最亲密的那些人——我的父母、我的弟弟妹妹、我的朋友、我的咨询师起初尽最大努力安慰我，然后看到我继续沉湎于绝望，他们就团结一心，试图让我振作起来。他们拥着我、抱着我，希望打消我的恐惧和疑虑。我的事工成员永远都那么和蔼可亲，他们给我疗伤的空间，同时也通过幽默、微笑和拥抱来鼓励我，甚至把我曾经说过的话讲给我听。“力克，你总是说只要你还能向上看，你就能站起来。看看你的光盘和录像，那会让你想起自己早已明白的道理！”他们建议道，“这件事本身就是一堂课。你会挺过去的，而且你会变得比以前任何时候都更坚强。上帝自有道理！”

居然有人用我自己说过的话来让我打起精神，这感觉很怪诞。但是他们说得没错，我现在需要做的就是让自己记起一直以来对别人讲的同样的道理。对于在行动中缺失了信念的人来说，我就是一个榜样。我为公司资金问题而生出的负疚和惭愧让我不断质疑自己的价值、目标和去路，其实我并没有怀疑上帝的完美，只是绝望让我迷失了自己的信念体系。

另一个想办法帮助我的人是我在达拉斯[①]的朋友雷蒙德·金博士，他既是律师，也是内科医生。他安排我去一个医学研讨会上演讲。我不想让他失望，但是当我到场后，他看出来我身心枯竭。

“你一定要先把自己照顾好。”他说，“没有健康的身体，那么你为之奋斗的一切都会成空。”他轻声地把我叫到一旁，建议我分清轻重缓急、坚持要事第一，接下来他和我简短地念了几句祷词，又给了我一个拥抱。虽然我经过好一番挣扎才到达那个会场，但是金医生的关切之词真的说到了我的心坎儿上，那可能是我迄今为止听到的最鼓舞人心的话。他的每一个字都让我铭记，因为那种关心是溢于言表的。

他那次简短的谈话让我想起了六岁那年，父亲也跟我说过一番类似的话。那时候我做事好像总是脑子缺根弦儿，脑子一热就顾不得什么安全防范意识。记得那次我正在轮椅上坐着，这时有个同学要让我咬一口香蕉，于是我一遍遍猛地向上挺身，像个小丑一样跟着他转。我向前倾着身子，张嘴去咬那香蕉，模样活像个猴子，而就在这个过程中，椅子上的我向前倒了下去，摔在了地上，重重地撞到头部，当场就昏了过去。

我父亲表现出来的关切让我十分感动，而且我永远都不会忘记他当时说的那句话：“儿子，你什么时候都可以得到另一根香蕉，但是我们不可能再有另一个小力克，所以你做事一定要更加小心。”

---

① 美国得克萨斯州东北部城市。

就像我父亲一样，金医生也要我检视自己的行为以及这些行为给我的人生带来的影响。由于以为所有努力换来的成功都是靠我自己的力量，因此我才一刻不停地鞭策着自己；但实际上，我应该信任上帝并更多地依靠他的力量、他的意志和他的时间表。

缺少谦卑和信念导致我在将近一个季度的时间里萎靡不振，而且找不到人生的快乐。我开始把演讲安排当成责任，而不是目标。甚至当有一所发生了学生自杀事件的大学请我去演讲的时候，我拒绝了，因为我害怕自己没有能力为悲痛中的学生提供他们所需要的东西。在对那次机会说不之后，我大哭了一场，因为演讲一直都是我热爱的事，帮助他人就是我快乐的源泉。

教训自动现身

真希望我能这样对你说，某天早上我醒来的时候，发现自己头脑清醒、精神抖擞，然后我从床上跳起来，大声宣布："我回来啦——"但很遗憾，真实情况并不是这个样子，而且如果你经历过类似的艰难时期，可能也不会突然就从中走出来。你只需要知道，更好的日子在前方，而这段日子总会过去。

我的复原是一步步、一天天发生的，用时超过了两个月。我希望你能复原得更加迅速，但是循序渐进自有它的好处。随着绝望的阴霾慢慢散去，我开始感谢每一道照进来的亮光。更进一步说，在我的大脑开始甩掉那些妄自菲薄的想法时，我很庆幸自己能有时间反省和深思自己的鲁莽行事。

不用说也知道，寓信念于行动不是一个被动的过程。你一定要积极主动地在上帝为你而设的道路上完成所有必要的步骤。当你在这条路上跌倒——就像我在这个事例中一样，你就要找个机会问问自己发生了什么、为什么会发生，以及你需要做些什么来重新开始你的信念和目标之旅。

检验你的信念的最坏时期可以是更新你的信念和寓信念于行动的最好时期。曾经有一名聪明的足球教练告诉我，他对输和赢同样珍视，因为输能够暴露可能一直都存在的缺点和弱点，而且如果要让团队获得长久的成功，就需要消除这些缺点和弱点。输掉比赛还会激励他的队员们苦练那些赢得比赛所需的技能。当你的人生一帆风顺时，你自然不太可能停下脚步去评估它。在得不到自己想要的结果时，大多数人只是花时间去检视自己的人生、职业以及情感。其实在每一次退步、挫折、失败中，都有宝贵的经验教训要吸取，甚至还会有幸运之门要开启。

在为公司债务感到绝望的最初几天里，我没有什么心情去总结教训。但是时间一长，那些教训主动来找我了，而且运气也自己跑了出来。我虽然不愿意再想起那段时期，但还是强迫自己一次次去回顾它，因为每一次回顾都让我展开新的视野，能更多地从失败中吸取教训，从成功中总结经验。我建议你在自己经历的每一次挑战中寻找学习要点。你可能想把所有的艰难时期都抛诸脑后，清除那段记忆，毕竟没有人喜欢脆弱的感觉。我当时那么沉溺于痛苦，那么自怜自艾，对一件后来被证明不过是暂时性挫折的事情有那么过激的反应，去回忆这些肯定不会是什么乐事。

然而，最能有效去除以往经历中的痛苦的方法就是让感激替代疼痛。《圣经》告诉我们：“世间万物会齐心协力造福那些爱上帝的人，那些因其目标而得到召唤的人。”

我的叔叔巴塔·胡哲的房地产事业曾经不止一次地面对艰难挑战，他一遍遍跟我轻轻念叨着他的信念："塞翁失马，焉知非福？"这让我受益良多。我年轻的表弟们对此有他们自己的表达方法，他们会说："哥们儿，这绝对是好事呀！"

认识对照现实

在遭遇挫折期间，我经历了一些你可能已经在自己面对挑战时留意到的事情。当紧张压力让旧伤重新开裂，让不安重新回来，我把当时的事态想得比现实情况更加恶劣。如果你运用夸张的话来形容当时的情况，那么就可以判断出你的反应已经超出了真实情况，这些话包括：

我活不下去了。

我再也不会恢复了！

这绝对是我遇到过的最糟的事。

上帝为什么讨厌我？

还有一句流行千古的话：我的人生被毁了——一辈子都被毁了！

虽然我不承认最近精神颓废的时候冒出过这样的傻话，但是我身边有些人或许认为他们听到了类似的哀歌。（没准儿比这更糟！）

好吧，我再次荣幸地以自己的事迹向你展示了一个好的反面教材。脱口而出这些夸张的话本应该被当作一种警示，说明我绝望过度。

我对于当前事态的认识是：我是个失败者！我要破产了！我最可怕的担心成真了！我没有能力养活自己！我是父母亲的包袱！我不配拥有爱！

当前事态的现实情况是：我公司的业务在经济衰退时期遭遇了暂时的现金流问题。我们有五万美元的赤字，这不是好事。但是考虑到我们产品和服务的全球需求正在增长，这种亏空肯定不是不可扭转的。虽然我在大学里主修财务规划和会计，但是经济学也是必修课之一，我完全懂得供需关系和现金流；然而，我的那些知识都被我的感觉湮没了。

你可能也有过类似的感觉，就是即使在实际情况远远不及它看起来那么具有毁灭性的时候，你还是会特别手足无措。我们的感觉会妨害到我们的视野，而且人在绝望的时候，很难实事求是地看待问题。

坚持高瞻远瞩

我学到的经验教训之一是，即使在身处个人危机时，也必须坚持把目光放长远。恐惧会自我繁殖，忧虑会自我增生。虽然在艰难时期吞没你的那些悲伤、悔恨、内疚、愤怒和恐惧的感觉是你不能够阻止的，但是你可以把它们看作纯粹的情绪回应，然后管理好它们，这样才不会让它们控制你的行动。

坚持高瞻远瞩需要成熟，而成熟来自经历。我从来不曾经历这种情况，而且由于环球旅行已经榨干了我的身体，所以我好不容易才能够以成熟的态度处理这次危机。

我父亲，以及其他比我年长和睿智的朋友与家人为了帮助我，把他们自己那些类似或者更糟的经历以及后来东山再起的故事与我分享。之前我提到过，我的叔叔巴塔在加利福尼亚州做房地产开发和物业管理，你能够想象他所见证的那些大起大落。五万美元的经营赤字对他的公司来说不值一提，而且他还想方设法让我知道，那个数字对我自己的公司来说也不是什么了不起的债务。

虽然我很愿意从他人的建议和错误中学习东西，但我还是有很长一段时间似乎需要在自己犯下大错后，才能得出真正正确的判断。现在我已经决心成为一名更用心的学生。如果你我都能够从每一个认识的人身上学到哪怕一种经验教训，那么我们该会变得多么睿智！该能够节省多少时间、精力和金钱哪！

当我们爱的人和朋友提供建议的时候，为什么我们不能去聆听和吸取教训，然后做出必要的调整呢？如果心里一味想着必须马上把事情处理好，就只会增加你的压力！有些危机的确需要即刻采取行动，但是那种行动可以由一步步、一天天的解决问题的办法组成。我的顾问委员会中有一个成员曾经说过一句话表明了这种观点：“力克，你知道吃下一整头大象的最好办法吗？就是一次咬一口。”

为人谦卑

多年来，我的会计父亲一直告诉我要认真理财，储蓄要大于支出，而且每当启动新项目时都要时刻把预算放在心上。

我把他的话当成了耳边风。我喜欢冒险，而他却更加保守。我们两人的性格截然不同。我认为这不是存钱的时候，而是投资和播种的时候。谦卑是一种很有趣的品德，因为如果你没有这种品德，那么它早晚会被硬塞给你。想象一下，要我不得不接受父亲自掏腰包的五万美元来让公司摆脱困境，该是多么丢人的一件事！那感觉很痛，是自作自受的痛。《箴言篇》第十六章第十八小节告诉我们：“骄傲使人毁灭，自满使人堕落。”我百分之百确定，如果你把《圣经》翻到那一章那一段，就会看到我的写照！

在回顾我的那次挫败时，我明白了自己的人生在很多方面都缺少谦卑。为什么谦卑对于经历危机的人来说至关重要？首先就是如果你的境况被归咎为一个错误或者一次失败，那么你可能会感觉很难堪。换句话说，你“被谦卑”了。发疯、痛哭、放弃都不能改变这个事实，而以消极情绪回应可能只会让你感觉更糟，并把人们推得更远。

我给你的建议是欣然接受你刚刚找到的谦卑。如果每个人都是击球手，那么有些球员面对三振出局会怒气冲冲，他们会在膝盖上折断球棒，把头盔扔向在球场送水的男孩儿，并把球员休息室的墙踢得伤痕累累。另一些球员则会把三振出局当作比赛的一部分，他们会牢记不从同样的角度挥棒。所以说，如果你能从经历中学到东西，那么谦卑就不是一件坏事。事实上，还有些人相信谦卑是通向文明的最正确的道路。

年轻些的时候，我特别讨厌寻求别人的帮助，不管对方是谁。在我看来，不得不求助身边的人才能进食、才能被抬到一把椅子上、才能去洗手间，是很丢人的事。我不喜欢扮演谦卑的角色。找到自力更生的方法来让自己变得更加独立是有益处的，所以我并不是说它完全不好；但是我那种任性的自立方式有时候就像是在强迫甚至威胁人们来帮助我。我不是开口请求别人帮助，而是争得他们的关切，比如我可怜的弟弟亚伦就经常被我当作护理员，而不是兄弟。对不起，亚伦！

有时候，上帝不得不出手恢复我谦卑的品德。当年我没有意识到自己有时非常自私、急躁和傲慢，有时还感觉自己理所当然应该享受特殊待遇。但是如今我已经请求了亚伦的原谅，尽管事情过去了很多年，我们不能经常见面，但他是我最好的朋友，让我非常欣赏和尊敬。我没有想到的是，在到了一定年龄的时候，他完全可以干脆把我放在橱柜里然后锁上门，但是他没有那么做。有时候我真该遭受那种待遇。

我开始把这段黑暗时期当成一个警告，提醒自己要谦卑，要把自己拉回正常的轨道上。我一贯的行事作风就是把所有业务都一股脑儿地扛在自己肩上。这种做法不但傲慢，而且也不可行，说明我忽视了自己对上帝和对身边那些人的信念。

摩西是伟大的先知和领袖，是这个世界上最谦卑的人。他知道，如果没有人愿意追随你和与你共事，你就不可能成为一名领袖。一个傲慢的人不会寻求帮助，因此他孤立无助。一个傲慢的人自称无所不知，因此他一无所知。而一个谦卑的人则会吸引到那些能够帮助和教导他的人。我曾听说有一位父亲这样告诫他刚刚大学毕业的儿子，说第一天参加工作的时候应该有一个正确的态度："不要千方百计地让他们知道你知道什么，而是让他们知道你有多么想学习。"

如果你被人生的一次危机打倒，那么你可能不得不让自己变得谦卑，去寻求他人的帮助，这是件好事。没有人能够在孤立无援的情况下实现自己的梦想。难道对你来说，优越和自负的感觉比在一群支持者的伴随下实现梦想还要重要吗？

谦卑还会培养感恩与感激，这两种力量能够治愈你的伤痛，给你带来幸福。没有哪个人比其他人更有价值，可惜我自己曾经忘记这个事实，最终导致我受挫的骄傲心理蒙蔽了我的记忆和视野。我不得不提醒自己，上帝爱我不是因为我的公司能够赢利，也不是因为我每年在世界各地演讲二百七十次。他爱我是因为他创造了我，他爱我是因为我是我。同样，他爱你是因为你就是你。

我仍然相信，我在困难时期被迫放弃的那些项目和梦想能成为我心之所系，其中必有一定道理。我相信上帝已经赐予我先见之明和必备之物去播种那些愿望，但是我本来应该多做一些祈祷，以便确定上帝的时间表是怎样的，而不是只顾按照自己的时间表行事。谁来播种和谁来浇水并不重要，重要的是，让那粒种子生长的人是上帝。

尽管我们对上帝可能不是一贯忠诚，但上帝对我们却是一贯的尽心尽力。以前我并不曾有意识地每天都寓信念于行动。现在我决定这么做了——不只要祈祷，还要每天都怀揣着希望、耐心、谦卑、勇气和信心前行，同时心里要知道，在我力所不及的地方，上帝必孔武有力，而我所缺失的，必是上帝要赐予我的。

点亮信念

只要是信念，无论是对你自己的还是你因目标而产生的，抑或是你对造物主的信念，都是神奇的指路灯，你必须让它发光发亮，你不能任由它在你的忽视下暗淡无光。有时候你可能感觉自己拥有信念，但看不到光亮。现在我懂得了，我必须点亮自己的信念，让它发光。换个角度说，我的信念就像一辆交接中的汽车，它切实存在，但是还没有被派上用场。相信自己和相信自己的能力固然重要，但是你还必须拥有耐心和谦卑，你要知道，没有别人的帮助你将一事无成。

失去人生目标，或找不到让你投入最大热情的对象——那是给你带来快乐和让你的人生充满意义的恩赐——会让你以最快的速度消沉下去。我的目标是在传播信念的同时鼓舞和激励他人；不过我曾经跟丢了这个目标，因为我想做太多其他事去打造我的公司和慈善事业。当我迷失了真正的目标时，就仿佛有人拔了我的电源线。

如果你感觉自己正在陷入绝望，精力耗尽，信念枯竭，那么就要问问自己，什么对你来说是最重要的，什么能给你带来快乐，什么能让你充满动力，让你的人生充满意义，你怎样才能回归正轨。

你我存于这个世上不是为了实现我们狭隘的私利，而是要为更伟大的目标奋斗。当我们的关注点变得以自我为核心而不是以上帝为核心时，我们就失去了最大的动力源泉。上帝赋予我们才能是为了让我们福泽他人。当我们用这些才能去实现伟大的目标时，我们就是在寓信念于行动，去完成上帝为我们制订的规划。我们在这个世界上发挥作用，由此为进入下一个世界做好准备。

身残志坚

之前我提到过，我经历的挫折可以被当作一个好的反面教材，所以你可能会说，既然我能够向人们示范罔顾信念的后果，那么至少我还是为实现自己的目标做了一些贡献。而现在我想要跟你分享的是另外一个人的故事，那是一个寓信念于行动的伟大的正面教材，他是我所见过的最卓越的人之一。实际上我的第一本书就是献给他的，但是他的故事却被放在这第二本书里介绍。

还在澳大利亚居住的时候，我通过母亲第一次知道了加利福尼亚州拉贺亚市的菲尔·托特。母亲从我们的教会里听说了菲尔和他的基督教网站。她带我浏览了他的网站，他寓信念于行动的故事深深打动了我。在菲尔只有二十二岁的时候，有一天他一醒来就发现自己说不出话来了。起初他的家人以为他是在开玩笑，因为他是一个喜欢说笑逗趣儿的人；但是接下来他又出现了头昏和乏力的症状，于是大家才害怕起来。在将近两年的时间里，他的医生都判断不出他到底出了什么问题。最后，他们终于将他确诊为肌萎缩侧索硬化症（ALS），一般被称作路格瑞氏症。

患上这种绝症的人通常只能活两到五年，因为这种病会摧毁大脑和脊髓的运动神经细胞，导致肌肉萎缩。最初菲尔的医生告诉他，由于他的病情发展太过迅速，因此他或许只能再活三个月。结果菲尔却活了五年，我觉得这是因为他没有把全部精力都放在病痛上，而是一心一意地鼓励他人祈祷和信任上帝。菲尔对待这种致命疾病的方法就是赞美生活和“走出去”帮助他人，尽管躺在床上的他连胳膊和大腿都抬不起来。

肌萎缩侧索硬化症不但非常残酷，而且让人极度痛苦。在这几年里，菲尔卧病在床，生活基本不能自理。虽然这种病影响到了他的声音，要听懂他的话很困难，但还是有一大群善良的家人和朋友给予了他始终如一的照顾与呵护。

在经历病痛与折磨时，菲尔依然坚持他作为基督徒的深切信念。不但如此，他甚至还找到了一种寓信念于行动的方法，让他能够“走出去”安慰和激励其他正在因疾病而身体虚弱和面临死亡的人。在上帝的感召下，菲尔克服了身体方面的一切困难，创建了他的网站，也就是我母亲通过教会发现的那个。以下是他放在网上的部分内容，讲的是他的病和这种病给他的信念带来的影响：

> 我感谢上帝赐予我的这种经历！它拉近了我与上帝的距离（如果这是它的目的，那么一切都是值得的），还让我

重新评估了自己的人生，看到自己是否拥有信念。它让我体会到基督教兄弟姐妹的爱，无论我们相隔远近。它教我要充分信赖上帝之道，信赖我对上帝之道日益增加的认识，信赖我越来越成熟的信念。我的家人和朋友现在比以往任何时候都要亲密。此外，我也学到了更多有关健康和营养的知识，更加懂得照顾自己的身体。我这种状况带来的好处是无止境的。

在母亲的鼓励下，2002年我到美国旅行期间去菲尔家拜访了他。我有个表哥也得了绝症，因此我做好了心理准备在菲尔身上看到更糟的状况。但是当我走进他的房间时，他脸上展现出一个美好的笑容，表示欢迎我的到来，于是我的人生被改变了。我永远都不会忘记那一天。虽然菲尔在忍受痛苦，但是他并没有蜷缩到角落里自怜自艾。他的力量和勇气感动并鼓舞了我。

菲尔和他的家人一直都在希望出现奇迹，尽管他已经做好了去天堂追随上帝的准备。在我见他之前，肌萎缩侧索硬化症就已经夺去了他说话的能力。他只能通过对着字母表眨眼与人交流，在做这一切的时候，他的耐心和毅力简直让人吃惊。他已经找到了一种利用激光技术对着电脑表达语言的方法，由此得以亲自创办一份基督教期刊，订阅者一度达到三百多人。

菲尔虽然不能说话也不能下床，但坚持不懈地寓信念于行动，成为我几个星期后自己创办事工的动力。从那天起，每当感到灰心丧气时，我就会想起菲尔·托特。如果以他的身体状况都能够继续发光发热，为他人服务，那么我就没有借口不这么做。大约一年后，菲尔从这段人生进入另一段人生的时候，我有幸陪伴在他的床边。虽然为他的离世而伤心，但我感觉自己是在以恭敬的姿态见证一位服役于上帝军队的将军回家。我只希望你我能够在坚持信念和在为信念行动的时候展示出同样的决心、胆量和气质，这样我们才能够福延他人。

永不止步

第三章 关于爱情

UNSTOPPABLE:
The Incredible Power of Faith in Action

在亚得里亚海的钟塔顶部，居高临下的我在一群人中发现了此生挚爱。这座钟塔尽管看起来像旧时欧洲的村庄里才能见到的那种古老建筑，但实际上，它却是得克萨斯州麦金尼（达拉斯的郊区）唯一的一座办公大楼，周身以石头砌成。2010年4月的一天，我在那里给一群人演讲，但是当发现那双我此生见过的最美丽、最聪慧、最热情的眼眸时，我竟定定地看了许久，之后便很难再把注意力集中到我的演讲上。

你可能认为这种“一见钟情”的故事不过是陈词滥调；但如果这是陈词滥调该有的感受，那么相信我，朋友，我乐在其中。作为一名基督徒，我信奉《圣经》中的训导。这一句是摘自《雅歌》的：“你征服了我的心灵、我的财富、我的骄傲。只一眼，你就把这一切牢牢掌控。”

如果你一直都在看我的网站、Twitter或者Facebook主页，那么你可能已经知道，那天征服了我的心的人就是可爱的宫原佳苗。2011年7月，我们订婚了，2012年2月，我们结婚了。

我想要跟你分享我和佳苗相遇相爱的故事是出于几个原因。其中最重要的一个就是，曾经有很多人就他们在爱情中面临的挑战向我提过问题，跟我分享过经历，这些人各个年龄段的都有，包括初中生、青少年、大学生、年轻人、中年人、老年人、未婚的和已婚的。他们那些故事的细节各有不同，但是核心话题都是一样的：每个人都想要爱和被爱。

- 力克，我担心不会有人爱我。
- 我怎么知道这是不是我的另一半？
- 我的爱情为什么不能够持久？
- 我能信任这个人吗？
- 爱的感觉是什么？
- 我被伤害过太多次，不敢再尝试了。
- 我一个人挺快乐的，这样有什么问题吗？

自从亚当和夏娃从伊甸园中被驱逐出来，爱情那些事就一直让男男女女困惑、忧伤和满足。对爱情的强烈渴望是人类最基本的需求之一，然而当我们寻找爱情的时候，敞开门的心不但会被爱光顾，而且——不幸的是——还会被伤害光顾。所以你一定要做出决定：放弃爱情，不再寻找——这样似乎是在浪费美好的人生——或者坚持下去。

我任由自己的心去冒险，而且不止一次伤痕累累地回来。我痛苦、尴尬、愤怒，有时感觉自己就像一个彻头彻尾的傻瓜。但是我挺过来了。每一次我最终的决定都是，要想找到我想要的东西，唯一的办法就是寓信念于行动和坚持不懈。

你可能已经有过类似的心碎的感觉。很少有人会在选择了寻找爱情之后还能毫发无伤。我建议你把那些未果的尝试仅仅当作考验，这些经历会让你在另一半真的到来时有更强大的爱的能力。只要你对爱情敞开大门，爱情就会到来。而如果你给自己的心筑起一道围墙，那么爱情就怎样都不会到来。

毫无疑问，多年来我一直在不安和孤独的感觉中挣扎。我没有标准配置的两条胳膊、两条腿，怎么看都不是白马王子，所以我害怕被拒绝，而且经常绝望地想，我永远都找不到愿意跟我成家、陪我实现梦想的人。我经常谈起和写到我年轻时候担心没有女人愿意要我，因为我不能拥着她，也不能抱着她。

在成年后，我像大多数男人一样了解了丈夫的传统概念，即一场婚姻关系的经济支柱和保护神，所以我别无他求，只希望有一个女人愿意喜欢我，而不一定要成为我的妻子和生活伴侣。

担心找不到爱人绝对不只是我或者其他有身体残疾的人才会面临的问题，每个人在爱情方面都会心存不安和担忧。然而我劝你永远都不要放弃爱的权利，因为就连不完美的我都能找到一个完美的女人。虽然我们知道各自都有缺点，但是两个人加在一起却是天造地设的完美一对。（有一位对我们两个人都相当熟悉的朋友说过："我很高兴你们找到了彼此。为什么还要浪费另外两个完美的人呢？"）

这个时代有些人宁愿一直做单身贵族，这本身无可厚非，只要你感到幸福和满足就好。但是如果你内心渴望和另一个人共度此生，那么我可以向你保证，只要你在爱情方面寓信念于行动，就会有属于你的另一半出现。要做到这一点，你首先必须接受这四个基本信条：

1. 你是上帝的孩子，他创造了你。可能在你眼里，自己并不完美，但是在上帝眼里却不是这样，他把你创造出来自有用意。如果你尊敬和善待他人，如果你积极主动地行善并且发挥出你最大的才能，那么你就有资格拥有爱。

2. 要让别人爱你，首先你必须爱自己。如果你发现很难做到爱自己，那么在期望另一个人和你情定终身之前，你还有很多事要做。

3. 如果爱就在你身边，那么没有必要再去寻找它。你所要做的就是守在那里，向人们敞开心扉。你要聆听他们说的话和他们的感受。时刻准备着像一个深情、诚实和值得信任的人那样去付出你的爱，然后你肯定会收获同样分量的爱。

4. 千万不要放弃爱情。你可能想要埋藏自己的情感，也可能会硬起心肠作为自我保护的措施，但是你由爱而生，爱是你人生力量的一部分。上帝不愿意看到你浪费自己拥有的爱。你要知道，失恋只是让你为那段永恒的爱做好准备，所以你要坚持信念，对上帝这份最好的恩赐敞开心扉。

让你拥有爱的力量

就像我在第一章中说过的，以前我曾经怀疑自己是否真的是上帝的孩子，觉得自己一定是上帝不喜欢的那个孩子。我不能理解为什么上帝会创造一个没有四肢的我。我甚至认为上帝是在惩罚我，或者一定是讨厌我，否则为什么他会让我这么“与众不同”呢？我很疑惑，上帝为什么要创造像我这样的孩子，从而为像我父母这样虔诚的基督徒增添负担。

有那么一小段时间里，我气得把上帝排斥在我的人生之外。直至意识到他为我做的每一件事都用心良苦，我才承认了他爱我的事实。我记得在《圣经》的某一段里，上帝借一个盲人的故事点明了一个道理。上帝治愈了那个人的盲症，“从而让他理解了上帝的计划”。在《约翰福音》第九章读到这一段的时候，我突然间懂得了，如果上帝为一个盲人设立了目标，那么他一定也为我设立了一个。

随着时间的推移，我发现了上帝为我而设的目标，并且意识到，尽管上帝没有赐予我四肢，但我的的确确是他所喜爱的孩子。上帝对你也是一样的。我有我的问题，你或许也有你的问题。你可能在生理上或心理上不够健全。我们不都是这样吗？你可能不了解上帝对你有怎样的设想。很显然，我有很长一段时间也不了解，但是当读到《圣经》中那个盲人的故事时，我决心开始寓信念于行动，因为我从中看到了上帝为那个失明的人所设定的目标。虽然当时我还不知道自己的目标在哪里，但是我的信念让我认定了一点，那就是总有一天，我会发现上帝为我铺设的道路。

《圣经》上说：不懂得爱的人是不会了解上帝的，因为上帝就是爱的化身。因为他爱每一个坚持信念的人，所以你应该知道，上帝创造了你，并且爱你。

爱己而后被爱

在我承认上帝爱我并且为我设定了目标的那一刻，我的外表发生了改变，而我的态度和我的行动也产生了变化。这不是一朝一夕的事，但是随着时间的推移，我在学校里和城镇里不再回避我的同学们。我不再为了午餐时间避免和他们沟通而躲到音乐教室去，我不再藏身在操场的灌木丛后。我的父母鼓励我放开胆子去表达自己，而不是等着其他孩子主动来接触我。我终于从自己的壳中现身出来，而且发现只要人们了解了我，他们就会接受我，并且发现我很能激励人心。更重要的是，我接受了我自己。

在我因为害怕遭拒而压抑自己的时候，没有人能够了解到真正的力克；当我为自己感到伤心的时候，所有人也只能对我产生同样的感觉。但是当我和同学们分享自己的胜利果实时，他们会陪我一起欢欣庆祝。只要我大大方方地面对他们关于我没有四肢一事的好奇和疑问，跟他们畅所欲言，和他们一起欢笑，他们就会成为我的朋友。

他们的尊重不但让我在外表上有所改善，而且反过来给了我更加开朗的勇气。我意识到，我身体上的“与众不同”给我带来的束缚是大是小完全取决于我自己。有些事我的确做不了，但我经常能找到别出心裁的方法来克服困难，这让其他人还有我自己都惊讶不已。我玩滑板，会游泳，许多门功课都名列前茅，尤其是数学——真是不可思议——和演讲！

当了解到自我价值的时候，我也更加认识到其他人的价值，我对他们的重视换来了他们对我的重视。这就是《圣经》传递给我们的一个信息：要像爱自己一样去爱我们的邻人。如果你懂得爱自己和接受自己，那么你就更懂得爱别人和接受别人。你创造的氛围能够孕育和培养你对他人的友情和爱情。

你付出什么，就会得到什么。如果你不尊重自己，那么还能指望别人尊重你吗？如果你不爱自己，那么别人还可能爱你吗？答案当然是否定的。但是如果你感觉自己的外表赏心悦目，那么看到你的人也会觉得舒适。如果你积极向上、包容豁达、鼓舞人心的形象能够让别人自我感觉良好，那么我相信爱情一定会来找你。

当我为学校和年轻人的教会演讲的时候，我总是告诉他们，上帝爱的就是他们现在的样子。我对他们说，他们是美丽的，要他们像上帝欣赏他们一样欣赏自己。这本是些再简单不过的话，但是每一次我对他们这样说的时候，都会看到热泪奔流。为什么会这样呢？因为年轻人特别容易相信，他们要么是天生我材必有用，要么是一无是处。有太多时候他们都以为只有在自己拥有某种外表、某种服饰、某种体魄，某种这个或者某种那个的时候才会为人们所接受。但事实并非如此，上帝接受的就是我们现在的样子。

你是上帝的漂亮宝贝。如果所有人的天父——宇宙的创造者——爱你，那么你也一定要爱你自己。

付出爱而后得到爱

或许现在有个你深爱并且信任的人伤了你的心。我知道这样说没有太大的安慰作用，但是包括我自己在内的许多人都曾经有过这种痛彻心扉和羞愧难堪的经历。但是一次分手和背叛并不会贬低你的价值，一段失败的感情只能说明对方不适合你。我知道你一时间可能还不太容易明白问题所在，但是总有一天你会了解的。在此期间，不要错误地封闭你爱与被爱的能力。

有那么一段时间，我不相信上帝会为我创造另一半。我感觉很孤独，于是想要把一些友情转变成爱情，尽管那并不是出自我的真实感觉，是佳苗让我懂得一段有两个人全心投入的真正爱情是多么美好。孤独感会让你觉得自己好歹应该落定一段感情，它可能让你觉得还算舒适，只是缺少爱情的火花。但是你不应该在爱情方面妥协，而是应该相信爱情。在《圣经》中，耶稣要求我们像他一样去爱：“爱彼此，就像我爱你们一样，你们也要爱彼此。”

的确有很多单身的人过着幸福快乐的生活，我也认识一些把自己全部的爱都交付给上帝的单身朋友。我本来对于婚姻和有一天组建自己的家庭有着强烈的愿望，但是日子一天天过去，我决定把这个愿望交到上帝的手上，我让上帝根据他的意志来决定我是否要继续单身。

好吧，我承认，我的确曾经向上帝祈祷让佳苗爱上我，但是她也在祈祷让我爱上她——当然，那个时候我还不知道这一点。最好让主帮你找到他心目中适合你的那个人。你可以这样祈祷：主啊，如果这个人不是你心目中适合我的人选，那么请带走我对他（她）的感觉；而如果他（她）是那个人，那么请让我们按照你的计划相爱。

对爱情不离不弃

你可能曾经努力又失败过，或许你曾经有过一段并不幸福的感情，那么把它当成遇到真爱前要做的功课吧。我也有过失败的感情，我付出了自己的真心，结果却发现那个人更想要的是一段友情，而不是爱情——还有更糟的，就是她两者都不想要！虽然那些失恋和遭拒的经历很痛苦，但我还是不肯放弃爱和爱情。它真的是太重要了，没有爱，我们就什么都不是。

《圣经》在《哥林多前书》第十三章对这一点阐释得很透彻：“如果我能讲人类或天使的语言，但没有爱，那么我就只是一面叮当作响的锣儿或钹儿。如果我有预言的能力，洞悉所有的奥秘，掌握所有的知识，如果我有移山的信心，但没有爱，那么我就什么都不是。如果我把自己拥有的一切都送给穷人，投身于能够让我引以为荣的逆境，但没有爱，那么我就会一无所获。”

多年来我一直在不停地祈祷，祈祷，再祈祷，想要有一个女人真心爱我。我感到过灰心丧气吗？是的！我想过要放弃和加入法国外籍军团[1]吗？（好吧，我确实喜欢那身制服，但是行军和射击可能是个大问题。）

这里要说的重点是，我没有放弃，而且我鼓励你也永远不要放弃爱。寓信念于行动吧。祈祷上帝的指引，专心让自己做到最好，敞开心扉迎接将要到来的可能性与机遇。

我不希望任何人孤独、被拒或伤心。我希望你走向爱情与婚姻的道路比我的平坦顺利，然而我开始懂得，曾经承受过的那些考验正是为了让我做充分的准备，学会珍惜自己找到的快乐。在我成熟得有足够的能力去珍惜和培养真爱之前，上帝是不会愿意让我发现它的。

《圣经》的经文告诉我们，人类有三种精神恩赐——信念、希望和爱，“其中最伟大的就是爱”。一定要在我们的身体、感情和精神都足够成熟之后，才能和另一个人充分享受这种最伟大的恩赐。就像大多数年轻人一样，我以为自己十几岁的时候就已经为爱做好了准备，但现在我懂得了，上帝希望我在此之前多一些经历。他多次派我往来于世界各国，为数以百万计的人演讲，让我看到那些倾国倾城的美人和身患重病的穷人。

上帝甚至让我经历一些无果的感情，为的是让我学会充分重视那段百分之百适合我的感情。他让我经历心碎，为的是让我懂得珍惜完整的爱。结束一段感情所带来的痛苦是无法用言语表达的，而分手加重了我对于遭拒的各种担忧。我不是要让自己听起来多么可怜，但在那种经历过后我的确有点像迷路的小狗。我花了几年时间才好不容

① 法国外籍军团是由外国志愿兵组成的陆军正规部队，由来自136个国家和地区约8000名志愿者组成，创立于1831年。

易重建自信心和开始另一段感情。我有一些好朋友都是非常出色的女人，但我却经常感到孤独，内心渴求一份更深切的长久感情。

此时此刻你可能感觉自己没有人爱，很孤独，但是你要想一想，这一次考验也许是——只是也许——在享受长久幸福之前要做的功课。我知道对某些人来说，这可能听起来太过乐观和天真，而我在生活中大概也有过几次同样的感觉。但是现在，我曾经空着的杯子被装满了，满得连我自己都不敢相信，这多亏我能够寓信念于行动。

爱的眼睛

佳苗和她的姐姐佳慧那天来听我在亚得里亚海钟塔的演讲，和她们同行的是我的朋友塔米——她也是一个演讲家和作家——和她的丈夫马克。那段时间，这两姐妹偶尔帮塔米夫妇照顾孩子，不过他们相处得更像一家人，所以塔米请了她们一起来现场见我。佳苗和佳慧长得很特别，因为她们的母亲是墨西哥人，而父亲是日本人。让人难过的是，她们的父亲已经过世。她们都很引人注目，但是那天我在演讲的时候，佳苗在我眼里的形象很清晰，我简直无法将目光从她身上移开，很难全神贯注于自己所讲的内容。

演讲结束后，我又逗留了一会儿和一些听众交流。这时候佳苗和佳慧跟着塔米一起来和我打招呼，我非常高兴认识她们。事实上，当她们打算走开，为其他想要和我说话的人腾地方时，我让她们不要走得太远，好方便相互了解。

每到有空闲的时候，我都会尽量和她们搭上几句话。和佳苗聊得越多，我就越想拉她离开现场，以便彻底了解这个看起来那么自信和善良的可爱女孩儿的一切。

终于，在她们准备离开的时候，我有了一个大胆的举动。

“我把电邮地址给你吧，以后好能保持联络。”我对佳苗说。

“哦，好的，我会找塔米要的。”她回答说。

我真的很想和她建立起联系，这样才不会错过更好地了解她的机会。我身体里甚至有个地方在乞求：我想自己把电邮给你，这样才能确定你拿到了！

我很想把这番话说出来，但是我父亲向我灌输的思想是，真正的男人是不会乞求的。我听取了父亲的建议，并且尽量扮出冷静的样子来，尽管我一下子就为这个迷人的姑娘陶醉了。

“好吧，这样也行，保持联络吧。”“冷静先生”说。

后来，佳苗和佳慧跟着塔米和马克一起离开了。

我的朋友们沿着马路走开没多远，塔米就给我发了一条短信：“你觉得怎么样？”

“上帝呀，她是我所见过的最美丽的女人，无论是内心还是外表，”我回了一条短信，“她美得简直让我无法呼吸！”

我不再扮演“冷静先生”了。

这就是那个星期天发生的一切。周一我飞回了加利福尼亚州的家，希望第二天能够收到佳苗的信——如果不能更早一些的话。或许我在飞机刚一落地的那一刻就查看了电子邮箱，也或许在那一整天里，我每十分钟就看看她是否发信给我。

爱得心神恍惚

看看在这种情况下，我们的爱情是如何支配我们的意识和行动的吧，很疯狂，不是吗？你可以是十四岁，也可以是六十四岁——年龄不是问题。当爱情火花飞过，人们的反应总是一样的：你无法专注于任何事情，除了想知道如何与点燃火光的那个人相依相伴。

恋爱中的人的心智在经典的迪士尼电影《小鹿斑比》中有过描述：一个精明的老猫头鹰对小鹿斑比和它的森林朋友们说，在每一个春天到来的时候，所有物种的年轻男女都会变得心神恍惚。

“几乎每个人都会在春天里变得心神恍惚。”猫头鹰说，“当你走在路上，心里想着自己的事……突然间你看到了一张美丽的脸庞……于是你开始双膝发软、头脑发晕，然后觉得自己轻得像一片羽毛，飘飘然而不自知。接下来你知道会发生什么事吗？你会迷失自己的方向，不知所措……而且还不仅仅是这些。这种事在每个人身上都会发生。”

毫无疑问，我为佳苗变得心神恍惚了，我无法停止想她。她没有在第一时间发电邮给我，这让我发疯，就像一条被开膛破肚的蛇。难道我错了吗？从她看我的眼神中，我以为她也跟我有一样的感觉，我不会错的。我们两个之间一定有故事，不是吗？

几天过去了，然后几个星期过去了，佳苗还是没有来信，一点消息都没有。她似乎已经继续过她的生活去了，把我全然忘记了。我的脑子里再也容不下其他事。我以前曾经为一些女人发疯过，但是这一次是最严重的。她的美貌不可否认，但是她似乎还有很多美德，比如热情和信念，以及无畏的精神。为了庆祝佳慧二十六岁生日，佳苗还和她去玩跳伞？跳伞哪！

我无法相信上帝会让这么好的一个女人进入我的生活，燃起那么耀眼的爱情火花，然后又让她消失得无影无踪。所以我问上帝：如果你不希望我们在一起，为什么要让她出现在我面前？如果我和她之间没有什么重要的故事要发生，你为什么要让我因此而无法专心工作？

在接下来的一个星期里，依然没有佳苗的消息，于是我坚定地对自己说："力克，你又犯傻了。你自以为这个女孩儿对你的感觉跟你对她的一样，但你只是在做梦而已。你什么时候才能吸取教训呢？"

佳苗没有联系我，这让我很伤心，并且为自己扮演了这么一个大傻瓜的角色而灰心。二十一岁那年，我就曾经因为一个漂亮并且值得信任的女孩儿对我很好而害了相思病。

近三个月过去了，我还是经常想起佳苗，但是得不到她的消息让我不得不相信，我和她之间不会发生任何浪漫的事。男人的骄傲再一次提醒我，我必须放下这件事了。

爱情竞赛

2010年7月我有另一个在达拉斯的演讲。像往常一样，我会跟住在附近的塔米和马克在一起。我不能否认，自己的确希望到时候佳苗正好在帮他们看孩子，但同时我也警告自己不要燃起希望，毕竟，她连一封电邮都没给我发过。显而易见，虽然她点燃了我的爱情火花，但是我并没能点燃她的。我不得不选择逃避，并控制自己的感觉。守住你的心！要冷静，伙计！

几乎在飞机还没有落地的时候，我就开始给塔米发短信。“大家都在吗？”我问，我尽量让自己不要暴露得那么明显。

“我和佳慧正在给你做千层面呢。”塔米回短信道。

“真棒！”“冷静先生”说，“佳苗呢？”

我发誓，那些字是自己把自己输入我的智能手机的，这手机为了我，有时候都智能得过分了。好吧，一涉及爱情问题我就变得毫无抵抗能力，我情不自禁。但是我得到的回复比我所担忧的还要糟糕。

“佳苗在这儿，不过她正和男朋友在外面骑自行车呢。”塔米说。

说真的，我以为塔米是在开玩笑，所以我干脆无视后面那句补充说明。

我们来到塔米家，百分之百地确认她和佳慧是在厨房里做千层面。我坐了下来，我们聊了几分钟后，犯了相思病的那个力克又发作了。

“那么，说真的，佳苗在哪儿呢？”我老老实实地问。

塔米把手里的碗放下，那里面是刚刚做好的面团。她和佳慧都一脸困惑地看着我。

“力克，她真的在和男朋友骑自行车。”塔米说。

该死的，她不是在开玩笑！

接下来我明白了是怎么一回事，塔米之所以不理解我为什么问起佳苗，是因为她以为我感兴趣的是佳慧！我从来没有提到过是姐妹中的哪一个吸引了我的目光，既然她们两个都很漂亮，而只有一位在谈恋爱，她理所当然地以为我喜欢的是佳慧，而且佳慧也确实和我的年龄更相仿。就是因为这样，塔米才没有告诉过我佳苗有男朋友的事！

我以前听人们谈过沉沦的感觉，但是直到这一刻我才明白他们的意思。我觉得自己的下半身好像坠落得脱离了整个世界，而我正在跳进一个无底深渊。

“上帝，请你帮助我风度翩翩地面对这种局面。”我祈祷道。

爱上力克

我们的人生常常突然就变成了电视情景喜剧，次数多得让人害怕，不是吗？我多年来上演的一幕幕疯狂剧目大概可以让我的父母写一部名为《我爱小力克》的热播剧了，而这一段堪称经典。

当然，那时候的我根本笑不出来。我参演过一部名为《蝴蝶马戏团》的获奖电影短片，其中有一句台词：“困难越大，胜利就越光荣。”在人生的很多领域里，甚至是在爱情方面，这句话似乎都是真理。

如果你的爱情来得太容易，请感激和感恩。如果你不得不挣扎一番才能找到心心相印的另一半——我肯定是属于这一类，那么我的故事会让你明白，最终的胜利必定是光荣的。你要相信这一点，而且我会祈祷让它在你的身上成真，就像它在我的身上成真一样。我非常感激和珍视我现在的生活。如今我甚至不能再说自己虽然身体残疾，困境重重，但拥有不可思议的美好生活云云，而必须说，我的精彩人生正是源于我的残疾和困境。

这么说你明白了吗？我的意思是：我人生中的这些成就对于我来说有着丰富而深厚的意义，我即便生下来就拥有四肢，也不敢想象有一天会拥有这些。说实话，我越发珍视我现在的生活，因为在大多数人那里不过是理所当然的事，在我这里却不得不靠争取才能得到。

我是否曾经祈祷过长出四肢，并且祈祷自己的人生道路上少一些障碍？当然。而且现在我仍在不断祈祷那些福佑降临。我和大多数人相比没有什么不同，在坦途和荆途之间我肯定更愿意选择前者，然而我还是每天都要感谢上帝，为他赐予我的残疾和挑战带来的所有好处。

我鼓励你把爱情和人生其他方面遭遇的挑战看成是可能的福佑，尽管那福佑的价值此刻还没有显现出来，但它终有一天会降临到你身上。当然，坐在塔米家的沙发上时，我并没有看到眼前这种局面有何价值，让我着迷的姑娘原来根本不是单身。在知道佳苗有男朋友的那一刻，我想我的心在胸膛里爆裂了。

她看着我的时候是那么热情和兴致勃勃，怎么可能会有男朋友呢？是我在自欺欺人吗？是我神经错乱吗？

正在这时，佳苗和男朋友走了进来，她的男朋友一进门就冲上了楼梯，所以根本没看见我。

塔米从厨房那头观察着这里的一切，她留意到我失望的表情，于是脸色瞬时变得煞白。当我拼命挤出一丝笑容来回应佳苗的热情拥抱时，塔米意识到了让我倾心的那个人是谁。实际上，我此生从未那么冷淡无情地对待过一个女孩儿，扮演“冷静先生”再也不是游戏计划的一部分。

“这么说，你有男朋友了？”我说，“你们恋爱多久了？”

“大概一年。”佳苗说。

那个深渊突然变得更深了。

我很恼恨自己，这个女孩儿对我的兴趣显然只限于友情，而我却自作多情了。我真想找个地方去狠狠地撞钉子，但看到了桌子上冒着热气的自制千层面。要开晚饭了，佳苗的男朋友过来做了自我介绍。

他亲切而友善，似乎是个非常不错的小伙子，但是我没什么心情和他称兄道弟。上帝呀，原谅我吧，虽然这个家伙什么都没对我做，但他的女朋友却让我像个冒失鬼一样一头栽了进去。

吃晚饭的时候，我竭力克制自己一口咬掉佳苗男朋友脑袋的冲动，那个可怜无辜的家伙。那天我和护理员都在塔米家留宿，佳苗和佳慧也是，所以那一夜看起来很漫长。

我很想问问这附近有没有红顶客栈，那就是我当时的想法。

但是这样会很不礼貌，而且很难解释得通。我必须尽快振作起来，尽我所能地处理好这个糟糕的局面。塔米和她的孩子们在娱乐室里玩，于是我也跟了进去，并在沙发上找了个舒服的位置。佳苗在男朋友走后也加入进来。后来塔米和孩子们去睡觉了，留下我独自面对难题。有那么一会儿，我甚至打算对她倾心表白，但是最后我决定为自己保留一些尊严，准备放手。

我可能叹了几口气，或许还抽泣了一两声，但并没有哭得像个女鬼——尽管我很想那么做。我只顾一味自怜，却没有发现佳苗已经从椅子上起身。她突然一屁股坐在沙发上，在我旁边盯着我的眼睛看，样子很专注。

你长得很美，而你不知道我对你的感觉，我心里想。“力克，我能跟你谈些事吗？”她问。

我体内的冰人融化了，我无法拒绝这个女人，在她身边我几乎无法呼吸。于是我聚集起体内残存的每一丝自制力，尽一个重度相思病患者的最大努力摆出就事论事的态度来回应。谢天谢地，离我不远的护理员此刻正闭着眼睛听音乐。

“当然，出什么事了？”

我的梦中情人开始向我袒露心声——是有关她男朋友的。原来他们的关系并不是她所期望的那样，佳苗不确定这段感情会发展成什么样子。她的家人并不认可这个男朋友，而在我们相遇之前，她就已经考虑了好几个月，想和他分手。她解释道，她喜欢他，但他却不是她想要相伴共度余生的人。

我摆出一副最认真的“洗耳恭听”的表情，把担心和关切挂在脸上，让自己看起来像一个肯设身处地为对方着想的智者。

尽管我很想做一个撬棍，把佳苗从她男朋友身边撬走，但是我知道她是在征询我的建议，对我交付了信任。于是我就像一个面临利益冲突的法官一样，不得不让自己从当前的局面中撤出来，转而设想自己身处最高法院。“我理解你的担忧，这很正常。你应该祈祷，让上帝帮你做出决定。”我说。

如果她只是感谢我的建议，然后留我继续待在沙发上，自己走开，那么我们的故事可能会就此完结。而实际上，她留了下来，而且那么近距离地看着我，大大的黑眼睛让人感觉暖暖的。

然后我听到了一段话，起初我简直不敢相信那是出自我的口中：“我想问你个问题。如果我说‘钟塔’这两个字，那么你会想到什么？”

“我们的眼睛。”她回答得毫不迟疑。

“这么说是什么意思？”我问。

“我们的眼睛，”她又说了一遍，“当我们看着彼此的时候，我产生了一些感觉，那让我感到害怕，因为以前我从来没有和别人有过这种感觉。”哇！原来不只是我一个人有感觉，我想。

“力克，那天过后我一直在祈祷和斋戒，就是想知道该怎么做。”佳苗说。

“在钟塔的时候你为什么没告诉我你有男朋友呢？”

“我打算问塔米要了你的电邮后再告诉你一切，但是后来塔米告诉我，你给她发了短信，说我姐姐让你无法呼吸……”

“不是的，不是的，不是的，”我说，“发给塔米的那条短信说的是你，不是佳慧。”

“说的是我？”

“那天我和你说的话最多，在我演讲时吸引和留住我的目光的人是你，我给塔米发短信说的人是你。”

“哦，我以为你是在和我们两个调情！”

“不是的。”我坚持道。

我们都停顿了一秒钟。

“这么说，现在你是在告诉我，你为了我去向上帝祈祷和斋戒？”我问。

“是呀，我不知道该做些什么，”佳苗说，“我有男朋友，但是当你看着我的时候，我产生了前所未有的感觉。”

“你是认真的吗？”我说。

她沉默了。

我也沉默了。

我们无言以对。我们彼此吸引，但因为一个误会而自我折磨。我们再次把眼睛锁定在对方身上，而且在那里坐得越久，我就越不想把目光移向别处。

我陶醉了。

继而又感到恐慌。

我有一种难以遏制的冲动，想俯过身去吻她。那道感情的栅栏已经倒下，我们已经敞开心扉、心心相印。然而，她还是个有男朋友的人，这让我的难过超出了信任。

她感知到了我的想法。

“我们要做什么？”她问。

“我们什么都不能做，我们要放下这件事，你是有男朋友的。”我真的说了这番话吗？我问自己。

“现在你最好离开了。”我嘴上这样对她说。“因为我渴望吻你。”这是我心里的想法。

我仿佛置身于冰火两重天：一边是快乐的想法，一边是恐慌的感觉。这个美丽的姑娘是真的对我有感觉。她会爱上我！但她是有男朋友的人。

我不得不把自己的感觉封闭起来。

“现在，给我一个拥抱，然后上楼去吧。”我对她说，“我们需要祈祷上帝的帮助，无论这些感觉是什么，我们都要让上帝把它们带走。”

我很痛苦，佳苗也是。我们决定各走各的路，怀揣着信念，相信如果我们注定要在一起，那么上帝会创造奇迹。

佳苗离开后，我在沙发上祈祷了至少一个小时，首先祈求上帝让我的心平复下来。然后祈求他，如果他不想让我们两个在一起，那么就帮助我熄灭想要和佳苗在一起的渴望。我想办法说服自己，如果她不是我的另一半，那么我只管继续前行去寻找下一个。

整个晚上我都梦见佳苗，而到了第二天早上，我不得不和她说再见。在离开之前，她、塔米和我挤在厨房里聊了这段时间发生的一切。塔米表示抱歉，因为钟塔演讲后我给她发短信告知我的感觉的时候，她误以为我说的是佳慧而不是佳苗。我们接受了她的道歉，原谅她犯下如此“大错”。然后我们互道再见。

离开后，我不知道是否还能再见到佳苗，更不要提和她在一起了。在过去的二十四小时里，我的情感经历了大起大落，所以此刻我已经没有力气。我所能做的一切就是把这段感情交付在上帝的手上，但止不住心痛的感觉。还算有些欣慰的是，她承认了对我有感觉。对我来说，光是知道这一点就已经意义非凡。她喜欢我这件事让我能够确定，我不是在胡思乱想，也不是在异想天开。

像佳苗这么聪明、虔诚、漂亮的姑娘能够把我看作爱的对象，这件事本身就是一种福佑，我不得不为这份了不起的恩赐向上帝致谢。佳苗给我的印象就像《箴言篇》第三十一章的女人，一个有着高尚情操的妻子或女人，她的人品和对上帝的信念征服了我。要在爱情方面寓信念于行动，很重要的一点就是尽量让自己做到最好，然后相信可能会有人爱上你。也就是说，你要相信会有一个人在看到你所有的缺陷和短处后，仍然爱你。

我的故事应该能够给予你这种鼓励。你要知道，它既然有可能发生在我的身上，就也有可能发生在你的身上。如果这还不够，那么就看看你的周围。这个世界上到处都是已经找到爱情和激情的人，其中既有正常人，也有残疾人。爱情对你来说也不是遥不可及的。我祈祷让你的另一半快些找到你，我还祈祷你们结合的力量会强过你们将面对的挑战。

拨云见日

六个星期过去了，佳苗再也没和我联络过。此时我必须再去达拉斯演讲一次，而我心里却很挣扎要不要打电话给她。塔米对我发出过一个长期有效的邀请，就是只要我到了那个地方，就欢迎我住在她家，但是我不想把佳苗置于尴尬的境地。我决定去那里的另一个朋友家住，但忘记事先跟他打电话确认他的行程，结果我在达拉斯机场打给他的时候，他恰好去了外地。

我和护理员旅行得太多了，所以我们两个谁也不想再住进酒店过夜。我感到旅途疲倦，情绪低落。我的心智、身体和精神都很虚弱，还有我的意志也是。想到能见到佳苗，或许还能和她聊那么一小会儿——即便是她的男朋友还在，住进酒店的想法就烟消云散了。

我打电话给塔米，想看看我们是否能待一晚上。马克和孩子们都在家，他们表示欢迎我们的到来，于是我们就朝着他们家的方向进发。没错，佳苗也在那儿。

从机场驱车前往的时候，我又和上帝谈了一次话。

你知道我很疲倦，知道我要去塔米家，不是去酒店。你知道谁在那里……上帝的幽默感让我绽出了一个微笑，我猜想上帝也在微笑。

我本来应该是敏锐和谨慎的，但是旅行让我实在太疲倦，而且迷迷糊糊的，所以我脸上的笑容傻傻的。“这会很有趣。”我们停进车道的时候，我对我的朋友说。

马克和塔米的孩子们跑出来迎接我们，抓过我们的包，然后我们走进厨房。佳苗在那儿，我们注视着彼此。

“真是惊喜！”我说，心里却感觉怯怯的。

她先是大笑，继而微笑。如果我有腿，我敢保证它们此刻会变得瘫软。我感觉自己仿佛从一个黑白的一维世界走入了一个色彩斑斓的3D星球，真的是这样。我们之间的化学反应比以前还要强烈十倍，当佳苗走过来把一只手搭在我肩上，对我说话的那一刻，任何尚存的疑虑都被驱散了。她说：“这段时间我一直在祈祷，然后上帝让我的心平静下来，和男朋友分手了。在人生接下来的日子，我想和我心目中的那个人一起度过。”

太棒了！

在这个天赐的胜利时刻，我人生中所有的失望、挣扎、挫败、担忧和泪水都变得无关紧要，不值一提。这样一个出众的姑娘说，她愿意做我的妻子，和我一起度过人生接下来的日子。这件事让我的思绪一时间有些跟不上趟儿。

我的妻子！

佳苗对我说，在我们第一次见面的时候她就对我有好感，不仅如此，她同时还感觉到一条强而有力的感情纽带，那把她吓坏了。她比实际年龄更加成熟，她想要寓信念于行动，而不是跟着感情走，所以在我们第一次见面后，她退而祈祷上帝的指引。

“我祈祷上帝告诉我那些感觉是什么，它们只是身体的化学反应，还是感情，还是上帝真的在启动一份呼之欲出的永恒爱情。”她说，“我不想感情用事，我不想只为了这个原因就贸然前行，所以我就不断地祈祷。”换句话说，佳苗把她的信念已经付诸行动。

我祈祷有一天当你准备好的时候，上帝会让你如愿以偿，他或者会赐予你一个爱你的人，或者会让你在没有这样的人的时候，也能感到幸福。为了做好这个准备，你需要坚持信念，让自己做到最好。拿出你所有的爱，把它放在那里，而上帝会安排好接下来的事情。

爱情考验

虽然那一刻的场面让我感觉就像是自己有史以来写得最棒的一部爱情电影——或至少是我担纲的最棒的一部，但它终究不是电影。

这是真实的生活，你知道它会怎样进行。当我们毫无保留地认定了彼此，下一步就是被双双引见给家里人。

佳苗的母亲和姐姐很快就送上了她们的祝福，我很感激她们的爱和理解。当她把这件事告诉给她妈妈的时候，我未来的岳母说："感谢上帝！"

几个星期前佳慧就对她妈妈说起过我和佳苗之间的化学反应，她们的妈妈说她一直在祈祷和斋戒，希望这段感情能够开出花朵。我赢得了佳苗的外祖母、姨妈、舅舅和表亲的一致好感，因为我在一次家庭聚会上跟着墨西哥街头乐队的曲子跳了舞，然后和他们分享了我的信念。我没有四肢的事实倒是没有引起他们的忧虑。有些人隐隐担心我可能是一个肤浅的名人，并不是真心实意的，但是在我和佳苗发下誓言，并且将我们两个人的爱情公之于众之后，那些担忧也就没了。

我实际上是在过了两个星期之后，才把这段新的感情告诉父母的。因为我爸爸比较小心谨慎，一涉及女人的问题就喜欢对我问东问西。很快，我的爸爸妈妈也喜欢上了佳苗。像她那么年轻的姑娘很少能有她那样的智慧。她五岁那年父母就离了婚，因此佳苗不得不早早担负起一些成年人的责任。

当我的父母亲问了佳苗一个非常难回答的问题时，她的成熟尤其显而易见。虽然我没有四肢并不是遗传基因的结果——我的弟弟和妹妹都四肢健全，但是我的父母亲还是问了佳苗，如果我们的孩子出世时也像我一样，那么她会是什么感觉。

此前我未来的新娘已经决定要生一大群孩子，于是她回答说："即使我们所有的五个孩子都没有四肢，我也会爱他们每一个。而且我知道我会比你们更容易面对这种境况，因为力克对你们来说是一种遗憾，但我会让他成为孩子们的榜样和向导。"

佳苗对我的父母亲说，她爱我，而且也会爱我们的孩子。过去我担心自己永远都不会找到能让父母认可的女人，因为他们太想保护我。但是上帝赐予我的这个女人赢得了他们的尊重、欣赏和真心。

她对我的感情显然是非常真挚的，而且她把这些感情表达得那么深切，让我充满了敬畏、谦卑和感激。但是让我如此珍视和爱她的并不仅仅是她所说的话，还因为她每一天都以实际行动来表达她对我的爱。

我第一次感觉到她对我的爱究竟有多深是在2010年12月。当时我们打算再过几个月就结婚，但我得知了公司的现金流问题。虽然我们还没有订婚，但结婚已经是板上钉钉的事。我特别希望能在那段时间里让我未来的新娘看到我最闪亮的样子。结果正相反，她看到的是我最失意的样子。也许——仅仅是也许——在新婚后遭遇全面彻底的打击会更难熬，但是我实在设想不出那种情况。不管怎么说，当时的我们是一对刚刚开始恋爱的人，而自诩坚强的男方却站到了悬崖边，纵身跳进了绝望的山谷。

在之前的章节中谈到我的AIA公司于经济衰退时期经历了短期现金流问题的时候，我详细描述了我所有那些感情用事的过激反应。而我没有讲到的，则是在那段黑暗时期里，佳苗让我看到了她对我无边无际的爱。

我从未体会过无条件的爱居然会有这么强大的力量。我现在说的是另外一回事，因为我的父母、弟弟妹妹和所有的姑姑姨妈、叔叔舅舅以及堂表亲在我的一生中向我展示的正是他们无条件的爱，然而他们都是我的家人。血缘关系是一回事，而佳苗是另一回事，她和我的关系更加微妙，而且还是刚刚确立。她本来可以很轻松地走开，结果她反而靠我更近。她以一种在我看来近乎英勇的方式，将她的信念和爱付诸行动。

在那样一个时期里，我本来想以一个成功的经济支柱的形象出现在我的女朋友面前，结果却不得不向她承认，我的公司已经背上了五万美元的债务。焦虑的心情让我感觉自己像是一个一文不名的失败者。她为什么没有夺门而出并且不再回头，这个我不得而知，但是我会永远感激她当时选择留在我身边，用她的爱安慰我和鼓励我。

当公司的债务让我感觉自己一无是处的时候，我开始评估自己这个人究竟价值几何。而佳苗提醒我说，爱是没有价格标签的。她用语言和行动向我证明了，她感兴趣的并不是算计我能给予她什么，而是想把她拥有的深切、蓬勃和持续的爱全部倾注给我。

让我真正为债务感到烦忧的那些想法中，有一个想法是我希望存一些钱，好让自己能够有大约一年的时间从演讲日程表中抽身出来。我不想在结婚的第一年里就总是到处旅行。这么多年来，家人和朋友一直在劝我应该放慢脚步，而今我终于有了一个照做的好理由——我未来的妻子。

当我告诉佳苗我那个以营利为目的的公司如今不但分文未赚，而且还背上债务的时候，她的回答是："那没关系，我会找个护理的工作，养活我们两个人。"

她没有犹豫，也没有畏惧，更没有夺门而出。她抚摸着我的头发，安慰我，让我知道她会一直陪着我。同样让我感动不已的是佳苗每天都在为我祈祷。感情支撑可以带来巨大的安慰，而祈祷更加有力。我知道她了解我的需求，并且祈祷我如愿以偿，这对我来说是莫大的安慰。上帝是最终赐予我们安宁和毅力的那个人，所以佳苗祈求他治愈我的伤痛，给我安宁和快乐。

我意识到佳苗已经成为一座桥梁，让我到达基督徒能够到达的所有地方。她更是一把钥匙，让我扮演好我能扮演的所有角色，包括丈夫、演讲家、布道者、朋友、老板、兄弟和儿子。和她在一起，我不必要求任何东西，也不必告诉她我需要什么。她都了然于心。她感觉着我的感觉，她鼓励我振作，更重要的是，她祈祷上帝赐予我她所不能给予我的那些东西，来填补需求的缺口，这其中包括智慧、治愈、安宁和毅力。最后，佳苗还设身处地地为我着想。她是我最好的知己，任何影响到我的事同样会影响到她。她一直陪着我，而我也总是想在她需要倾诉和发泄的时候陪着她。

当你愿意不求任何回报地付出的时候，当你把别人的需求置于自己的需求之上的时候，你就知道自己恋爱了。我把佳苗看得比我的事工和公司都重，所以我们总会找时间共处，看电影，坐在壁炉前谈天说地。我越来越讶异我们这样的爱情究竟能更上几层楼。佳苗为我付出得越多，我就越想让自己配得上她的爱和付出。是她，让我想变得更加出色。

某一天，有个朋友跟我说起他的新恋情，他一直在说："我认为她对我来说太好了，我不配拥有这样的女人。"我对他说，在他恋爱的这个阶段，心存这样的想法对他来说是一件大好事。我们应该和那些能够鼓舞和激励我们变得更加成熟、更加虔诚、更加善良、更加慷慨、更加善解人意的人在一起。如今，我已经是一个比以往任何时候都更有耐心的人。当然，在单身的那些日子里，我之所以很容易以自我为中心和失去耐心，就是因为挡着我的栅栏还不够高。

最近，我的叔叔巴塔提醒我，说有一本被我保存多年的日记，里面有我列出的希望自己妻子满足的十个条件。

"佳苗符合这表上所有的条件吗？"他问。

我只好回顾并且核查了一遍，然后打电话给他说："实事求是地说，是的！每一条都符合！"

那个时刻很有趣，也很美妙。

虽然我比佳苗还要大几岁，但是她在很多方面都表现得很睿智，这令我望尘莫及。她为恋爱关系所奠定的基础不为期盼、消遣或下意识的希望所污染。我相信这种爱会随着时间的推移变得越来越深厚和丰富。我经常说，如果你不能在信念中成长，那么你就会在信念中萎缩，于信念如此，于爱亦如此。她是上帝真正的孩子，她好似天生贵胄，上帝把她赐给我，让我们能够相亲相爱，并以此作为对他的祝福的回报。

我们的爱是具有感染力的。有一天，一个上了年纪的女人看到我们在一起有说有笑，于是双眼含泪地来到我们身边，说："现在我又相信真爱了。"我没办法向你形容，当看见佳苗微笑、大笑、跳舞、唱歌、玩耍时我心里涌出的那种快乐，我等不及看到我们的孩子做着同样的事的那一天。

你由上帝创造，所以你值得拥有他的爱，也值得拥有爱情。我会祈祷让你像我一样被赐予爱情，但是你也要做好你的那部分事，让自己不但准备好接受爱，也准备好无私地付出爱。

永不止步

第四章 有热情、有目标的人生

UNSTOPPABLE:
The Incredible Power of Faith in Action

小时候，当我的父母亲展望未来，盘算我将来会成为什么样的人物的时候，我做会计的父亲建议我接他的班。“你在数字方面很有天分，而且从事这个职业让你能够雇用其他人来做你的胳膊和腿。”我爸爸说。

和数字打交道的确其乐无穷。虽然我没办法用手指头和脚指头算数，但是幸亏有现代科技和我的小脚，让我能轻轻松松地使用计算器和计算机。所以在大学里，我按照父母的计划步步前行，主修财务规划和会计。我被一种想法深深吸引，那就是帮助人们做出合理的财务决定，为他们创造财富，制订维持生计的战略规划。我还对在股市交易中的工作乐此不疲，其间的经历有好也有坏。

做一名财务规划师似乎是个好选择，在向他人提供服务的同时还能养活我自己。这是我所希望的，也是我家人所希望的。然而，这个规划从未让我感到充分满足，我总是觉得上帝在召唤我去走另外一条不同的道路。从上初中的时候起，我就开始不再避讳和同学们聊起我的残疾，我所说的话引起了他们的共鸣。我知道自己触动了他们的内心，而与此同时，上帝也点燃了他放在我体内的热情火种。

日复一日地，我越来越多地谈到我的信念，我最大的热情就在于布道和励志，讲出我对上帝的爱和我人生中的幸事——包括我的残疾和残疾带给我的力量——让我能够为他人提供帮助。从此我的人生被赋予了一个目标，而且我相信那是上帝为我创造的。

这是一种伟大的恩赐。许多人绞尽脑汁去寻找人生的意义和方向，他们不清楚怎样去贡献力量或做出成绩，所以才会质疑自己的价值。或许你目前还没看出自己的才能和兴趣所在。在认准你的人生使命之前，一遍遍尝试并不是什么稀罕事，多次改变路线的情况也越来越常见。

无论让你感到心满意足和甘心付出所有天赋和精力的事是什么，我都鼓励你仔细确认。你在这条道路上的坚持不是为了你个人的光荣或财富，而是为了尊敬上帝和贡献力量。如果你找到那条路需要花费时间，那么请耐心一些。你要知道，时机很重要，只要你坚持心里那份真正的热情，它就不会消退。你要理解，风险可能和热情如影随形。你也要记住，如果一份热情终结了，那可能是因为上帝已经为你安排了一个更大更好的目标。

找到你的热情

当你的才能、学识、精力、焦点和承诺都汇聚在一起，并且能让你兴奋得像一个玩着最喜爱的游戏或者最喜爱的玩具的孩子一样，那么你就知道自己已经找到了一份热情。你的工作和乐趣合二为一，不再有区别。你感觉机遇源源不断而来，你所做的事成了你做人的一部分，和你自己得到回报比起来，看到他人因你而得到回报会让你心满意足得多。

有了热情的指引，你就能找到自己的目标，而当你把信念注入你的天赋，并且和世界分享，那么热情和目标就都会被激活。你是针对你的目标被量身定做出来的，就像我是针对我的目标被量身定做出来的一样。你身体的每一个组成部分——从你的心理、肉体和精神力量到你独一无二的才能与经历——的设计初衷就是运用那种天赋。

在最充分地开发和利用你的天赋的同时，你还要追寻自己的热情，明确自己的目标，打造自己的人生，借此做到寓信念于行动。什么是你的动力源泉？什么让你每天都感到兴奋快乐？什么让你只想做事不求回报？什么工作是你永远都不愿意退休的工作？有没有让你愿意抛弃一切——你所有的物质财富和舒适条件——去追求的事业，只因为那过程本身就让你感觉良好？什么让你迫不及待地想要去完成？

《约翰福音》第九章第四小节的经文告诉我们：“上帝派我们来到世上，只要是在白昼，我们就要完成他布置的工作。当夜晚来临，所有人的工作都只能停止。”如果你还没有找到上帝希望你去做的工作，那么就问问自己上一段中的那些问题。如果这样还不能帮你判断自己的热情所在，那么试着让你最亲近的人提供一些评价和建议。他们认为你的才能是什么？他们认为你在什么方面能够贡献突出或者发挥作用？他们认为最能让你点燃激情的是什么？

时机很关键

我成为演讲家的时机对我来说刚刚好，因为那时候我没有家人要供养，也没有重大的经济负担。有几年我的演讲都是免费的，但幸运的是，有人愿意付费来听我演讲。那些酬劳不光让我能够养活自己，还在我很想为一些人演讲，但对方却无力承担演讲费用时，弥补了我的成本。

然而，有时候我们会头脑发热，想马上投入那些点燃了我们热情的事情中去，全然不顾时机是否成熟。范例一：我自己！

2010年我公司的债务问题有部分原因就在于此，当时我对唱歌充满热情，因此很想制作一张基督教音乐光盘，但没有充分考虑到时机是否成熟，结果制作费用超支。光盘中录入了我的一首名为《多一些》的歌曲，说来真是讽刺，因为制作成本最后确实比我预算的多一些——多很多。我在冲动之下制作了自己的音乐光盘，并且在对这个项目的热情驱动下任由成本失控。我太急于把梦想变成现实了。当时应该有人提醒我，只要怀揣梦想，它就不会熄灭。

这并不意味着制作那张音乐唱片是一次失败的经历。事实上我们当时组成了一支才华横溢的团队，其中有身兼歌手和词曲作者的蒂龙·韦尔斯和马修·寇品，整个制作团队都在他们两个人的领导之下。最后我们打造出了一张质量堪比电影的基督教音乐光盘，这还要感谢乔恩·费尔普斯和以斯·费尔普斯，正因为有了他们的支持，我们才得以在他们的工作间里，和一支特意从纳什维尔飞过来的炫酷乐队一起刻录出顶级作品。在我看来，这张光盘实际上是个了不起的成就，因为它在YouTube上得到了一百六十万次点击，这是个好兆头。

我还吸取了一个宝贵的教训，那就是无论致力于什么事情，时机都要被视为重要的考量因素，特别是对那些想要打造持久性业务和品牌的人来说。当时我刚刚分身出去参演了后来获奖的短片《蝴蝶马戏团》，没过多久又开始制作音乐光盘，这可能让许多人心生疑问：

力克在做什么？他如今仍是布道者和励志演讲家，还是当了演员和歌手？我希望有一天自己能在所有这些领域中做出成绩，但绝不能急于一时。现在我还没有满三十岁，我还有数年大好的青春。当然，焦躁本来就是年轻人的又一个特质。从十六岁起，我就一直急于在许多竞争领域证明自己的能力，以至于经常透支本就不健壮的身体，有时还不惜把自己能运用的各种资源消耗殆尽。公司的财务困境提醒了我：没必要一次性做成所有事。

有个朋友为高中和大学毕业生写了一本幽默诙谐的书来提供指导建议，其中有一个小标题就是“仓促行事和学会有耐心”，这几个字渗透着智慧和些许幽默。《圣经》经常颂扬有关耐心的美德。《雅各书》第五章告诉我们：“兄弟姐妹们，要保持耐心，然后等待主的到来。看一看农民是如何等待田地长出珍贵的作物，如何耐心地等待秋收和春雨。你们也一样，要有耐心，要坚定，因为主很快就会到来。”

单凭你在今时今日拥有资源的事实并不能说明时机已经成熟。毋庸置疑，雄心壮志和充沛精力曾经引导人们创造出许多了不起的企业和事业，但是时机很关键。所以说，有耐心是一种美德，而跃进是一种冒险。我不反对冒险，事实上，我很为自己在精打细算后的那些冒险感到自豪，每一次我都会尽我所能地减少任何失败的可能。然而在音乐光盘这件事上，我没能对所有因素做出周到的分析。你要记住，一定要将所有可能的风险考虑在内，并在追随热情的过程中尽你所能地将它们降到最低。

坚守热情

虽然冒险经常能换来回报，但从迦勒的事例上来看，你可能不得不拿出耐心来等待那些回报的到来。在《圣经》中，迦勒的十足热情使他成为此类人物的最佳样板之一，他在寓信念于行动的同时曾多次冒险。在摩西和十二个部落为躲避奴役而逃出埃及时，摩西派了十二名密探去上帝已经许诺赐给他们的迦南打探情况。其中十名密探回报说，他们不可能拿到那块土地，因为那里的居民——在他们口中被描述为“巨人”——是不可能被战胜的。只有迦勒和约书亚这两名密探说，有了上帝的帮助，他们一定能拿下它。但是摩西选择听从那十个人的话，对另外两个人的话置若罔闻。他们不打算争取迦南那块乐土，有些人还威胁说要把那两个想听命于上帝的人乱石砸死。

由于希伯来人违背了上帝的命令，没有去占领那块乐土，因此他们受到惩罚，被迫在沙漠里漂泊了四十年。在十二名密探中，只有当时断言大家应该拿下乐土的两个人在四十年漂泊中幸存了下来。上帝甚至还把迦勒称为“我的仆人”，而这个象征荣誉的称呼之前只被用在摩西身上。

到了希伯来人终于占领乐土的时候，迦勒已经八十多岁，但他仍然身体健壮，并且热衷于信念。在取得胜利之后，上帝把希伯伦和周边地区赐给了迦勒和他的后代，以奖励他“全心全意”地追随上帝和再一次寓信念于行动。就像赞美诗里说的那样，“耐心地坚持信念，必会得到奖励”，迦勒由于从未失去效忠上帝的热情而得到了回报。

迦勒为坚守忠心而付出了巨大的代价。先是他自己的同伴扬言要杀了他，然后他又和他们一起在沙漠里漂泊了四十年，直到最后带领他们取得胜利。坚守热情可能会换来许多回报，但并不意味着你的人生会免于面对考验或经历挣扎。

任何一个热衷于奉献的人，无论是护士、艺术家、建筑师、牧师还是演员，都肯定会告诉你那需要刻苦工作、牺牲奉献和辛勤努力，甚至那些热爱本职工作的人也会这么说。在过去的十年里，为了完成我通过演讲向尽可能多的人传递勇气与信念的使命，我大部分时间都在世界各地的飞机上和酒店房间里。尽管我可能是唯一一个飞行频繁却从不抱怨飞机座位伸不开腿的人，但连续旅行给我带来的精疲力竭的感觉并不亚于任何人。目前我已经接触过数百万人，并且看到他们中的许多人恢复了信念或者再获新生。那些经历带给我的愉悦感受是无法估量的。坚持我的热情并不是件容易的事，我必须要做出牺牲。在上帝的帮助下，在事工组织那些人支持我，为我祈祷、为我鼓劲儿的情况下，我如今已经取得了一些不小的成就。有了上帝的恩赐，我才能够在这些成就的基础上有更多建树。

大多数为热情所驱动的人都会牺牲和挣扎。海伦·凯勒克服了耳聋和眼盲的身体残疾，成了全世界人民的励志榜样。她说："人格是无法在安逸宁静中炼成的，只有经历了考验和磨难，才能振奋精神，激励出斗志并取得成功。"

"一夜成名"通常是许多年辛勤努力的结果，很少有人安于现状。然而，能够践行上天赋予你的特殊使命，同时为一个超越自我的目标奋斗，这本身就是最好的回报，大概没有什么能比得上。我在旅途中曾经遇到过许多男男女女，他们肩负着为全人类奉献天赋和才学的重要使命。我们分享着各自一路走来的奋斗史，互相支持，互相鼓励。

受到目标的召唤

在我的前进旅途中，维克多·马克思是我最有热情的旅伴之一，他的故事堪称传奇。维克多服役于美国海军陆战队，是一名武林高手，拥有空手道黑带七段的资格，能在防身术中融入空手道、柔道、柔术、中国功夫和街头巷战的技巧。

他培训过三十多名世界级的武术冠军，还有美国的海豹突击队、陆军游骑兵和三角洲特种部队。他的妻子爱琳曾经当选美国健身小姐，而且正如你所料，维克多自己的身材也非常健美。看着他的样子，如果让你知道他曾经一度认为自己是残次品，那你肯定会大吃一惊。他对我说，他和我有很多共同之处，除了一点，那就是我的残疾问题是显而易见的，而他的却是肉眼看不到的，是锁在他内心和精神深处的。

人们经常说，他们想不出我如何在四肢全无的情况下创造出这样一个充实而有意义的人生，然而我认为自己在很多方面都是幸运的，具体有多少我自己也说不清。我拥有浓情暖意的家庭氛围，而对于那些不具备这种条件的人来说，人生恐怕要艰难得多。悲哀的是，维克多就生长在一个破碎的家庭里，难怪他曾一度感觉自己是破碎的。

维克多在服役期间成了一名基督徒。十年前，他在夏威夷经营着好几家连锁的武术学会，事业顺风顺水。当上帝发出召唤的时候，他正跟妻子爱琳和三个孩子享受着非常幸福的生活。当时位于科罗拉多州的爱家协会（Focus on the Family）聘请他去担任负责人。

他的所有家人都不愿意离开夏威夷，但是维克多和爱琳为信念而行动，选择了信任和服从。维克多当时对于放弃自己的事业和加入爱家协会没有什么热情。他不能理解上帝在心里对他有何设想，但就像诺亚一样，他听从了自己得到的召唤。

现在你看到了，维克多有一些地方是他自己都不了解的，但上帝了解。

我的这位朋友长期以来都被梦魇和焦虑折磨着。他把其中的一些归咎于在海军陆战队的军旅生涯，甚至他的武术格斗经历。不仅如此，他的脑海中还会闪现出一些暴力事件，这让他困惑不解，因为那些场面似乎跟部队和武术毫无关系。维克多和爱琳在参加一个学习《圣经》的小组活动中讲到了其中的一些闪念，参加那次活动的全部是爱家协会的高级成员及其配偶。那种学习给大家提供了一个安全的环境，让他们能够对自己的生活和感受畅所欲言。

“当时我们被要求分享自己的生活故事，而我以前从来没当众做过这样的事，”维克多对我说，“我总是不相信别人。”

维克多把自己对他人缺乏信任的状态归咎于他在美国南方腹地那段混乱的成长经历。那一晚，他最初只是和同事们分享了他的故事的压缩和整理版。他对大家说，他的父母亲在他还没出生的时候就离婚了。他父亲贩过毒，拉过皮条，而维克多在孩提时代对这个父亲一无所知。大一些的时候，他一直以为自己的第一任继父就是他的亲生父亲，后来他母亲和第一任继父离婚，接着又结了六次婚。他和他的兄弟姐妹就在这样一种混乱无序的环境中被抚养大。由于母亲的生活一塌糊涂，所以维克多在高中毕业之前曾换过十四所学校和十七所房子。

当维克多讲完了他简略版的生活，一位朋友说：“现在我们想听听你这个故事的其他部分。”

这句话让维克多困惑和焦躁起来。

“他们看我的眼神就好像我身上有什么疑点一样。”他回忆道。

当他问起“故事的其他部分”是什么意思时，他的朋友说：“你的生活中发生过这么多事，所以你的故事不可能仅此而已。”

维克多知道这些人是在关心他。就在他们小心翼翼地探知他的生活的时候，“真相从我的体内喷涌而出——那些事一直藏在我的内心深处，我从不曾告诉过任何人——包括我的妻子”。

那一晚标志着一个开端，接下来维克多经历了很长一段时间的自我揭示、自我调节和自我治愈。“我花了好几年的时间来把这颗洋葱剥开，然后接受发生在我身上的所有那些事。”他说。

压抑在维克多内心的那些可怕记忆从他孩提时代就开始了，其中包括被他称为“说不清楚”的事——意思是那些虐待都没有目击证人，而这种事往往让被施虐的受害者饱尝折磨。有一个经常折磨他的情节是继父把他的头按进水里，然后用枪指着他的头。他在三岁到七岁期间遭受过多次性虐待和身体虐待。有一次被性骚扰后，他被锁在一个商用冷气机里，施暴者让他自生自灭。他之所以能够逃脱，全靠他的家人“找到我并把我暖过来”。

维克多承受的暴行难以言喻。就像许多被虐的受害者一样，他体内积存了深深的心理创伤和感情创伤，还有强烈的怨愤之情，其中有很多都已经被他用意志力锁得死死的。让人惊叹的是，他已经把一腔怒火和暴力倾向通过积极的渠道发泄出来了一部分，比如在他的军旅生涯以及武术培训和竞赛中。

然而加在维克多身上的痛苦实在太多了，所以他无法全部自我化解。他去看心理咨询师，医生说他的那些闪念、那些无意识的身体动作，还有由创伤引起的抽动秽语综合征[①]（Tourette's syndrome）的轻微症状，都和他的创伤后应激障碍有关，这在童年遭受过虐待的受害者身上很常见。有一位精神病专家告诉他，他的大脑已经被他所承受的那些恐惧扰乱了程序，所以无法以正常的方式处理思维，而且永远都不能。

在接受创伤后应激障碍的专业治疗过程中，维克多的强大信念帮助他学会了如何处理那些复苏的记忆，还有随记忆而来的创伤。在那段时间里，他把童年的故事和信念的实践都与他人分享。他在问题青少年中发现了一群接受能力特别强的听众，其中包括少年犯、流氓团伙的成员、少管所的监犯、被寄养的孩子和戒毒中心的病人。他学会了先通过武术表演和自嘲式的幽默来抓住他们的兴趣，并告诉他们："我是成龙和巴尼·法夫[②]的结合体。"

在维克多的年轻听众中，大多数人本来没有什么耐心听那些成年说教者讲人生的经验教训，但是他发现自己的故事能够引起那些问题青少年的共鸣，因为他们中有许多人在孩提时代也曾经遭受过身体的虐待和性虐待。"我的人生中有那么多的消极因素，我甚至没有意识到自己是个有故事的人，也不确定是不是应该把它讲出来。"他说，"最开始的时候，有一天我正在给一群少年犯表演双节棍，突然不小心击中了一个志愿者的下巴，而且还打脱了臼！我以为上帝是在借此告诉我停下来，而且我很担心自己会因伤人而被扔进监狱。但就在那一天，七十五名监犯中，有五十三个人决定把生命交付给基督。"

---

① 指以不自主的突然的多发性抽动以及同时伴有的暴发性发声和秽语为主要表现的抽动障碍。

② 美国电视喜剧《安迪·格里菲斯》（*The Andy Griffith Show*）中搞笑的副警长。

让维克多没有想到的是，很多教会也要求他给会众们讲讲他的救赎故事。在有过一个悲惨的童年之后，他追随内心的热情去帮助问题青少年，并且取得了成功。他的这个故事证明了寓信念于行动的强大力量。

如今维克多已经完全理解，当初上帝为什么要召唤他告别在夏威夷的舒适生活。很少有人能够像维克多那样去接触危险青少年和暴力罪犯，一部分原因是这些青少年和罪犯中有很多也曾经遭受过情感上、身体上和性方面的虐待。像维克多这样的人开诚布公地谈起自己的苦难经历，就等于是在为其他人疗伤。

“上帝以超自然的力量给了我一颗为这些人而生的心，我理解他们那些痛苦背后的东西，”他说，“我鼓励他们通过敞开心扉和心理咨询的方式来获得帮助。”

在维克多开始公开讲述自己的故事之后，所收到的演讲邀约让他应接不暇。大大出乎他意料的是，他开始收到一些主动寄来的捐款。2003年，他和妻子成立了一个非营利性组织，起名为“万事皆有可能”（All Things Possible）。两年后，他们收到了一笔数目惊人的捐款——25万美元，捐赠人是一对夫妇。这对夫妇在听说了他们的工作之后就萌生了支持他们的念头。

“我们曾经担心这类工作无法养活我们自己，但是自从我们决定致力于此，并且把信念交付给上帝，就有许多难以置信的好事发生。”维克多说，“我们认为上帝爱这些自我封闭和伤痕累累的孩子。就全国范围来说，几乎没有什么人接触他们，所以我们决定坚持这样做下去，直到上帝说我已经做得足够了。”

改变路线

还有很多方式可以让你在秉持热情的同时对社会做出贡献。你的才能、专业和经验是你独一无二的资本，它可能适合企业经营、公共服务、艺术创造或者其他领域。重要的是你要辨识出上帝为你配备了什么，并且通过实际行动，围绕配备给你的那些天赋和热情打造你的人生，哪怕此时此刻你可能还无法完全理解它们的动力源泉在哪里，又会将你带往哪里。

我放弃了成为会计的职业规划，转而投入到我的演讲热情中。维克多放弃了自己名下那些做得有声有色的武术学会以及由此得来的舒适安逸的生活，转而听从上帝的安排。你也一样，说不定某一天就可能会来到人生转折的十字路口。这种事无论什么时候发生，都为时不晚。

我们从《圣经》中了解到索尔的故事。他是一个臭名昭著的迫害基督徒的人，在前往大马士革的路上被一道强光灼瞎了双眼。于是耶稣对他说话，指引他走向一座城市，在那里他将获知自己新的人生道路。三天后，上帝恢复了他的视力，然后他接受了洗礼，并被赐名保罗。他成了一个有名的基督教布道者，在热情的驱动下传播耶稣死而复活的好消息。上帝让他看到了自己的目标，而保罗为信念行动，在接下来的人生中一直热情地追随那个目标。你要相信，你的人生道路总有机会朝着更好的方向转变。人们认为保罗从一个迫害基督徒的人转变为一个出色的布道者是个奇迹。我相信如此巨大的转变在我们任何一个人身上都有可能发生。

我想要让你知道的是，无论你现在处于人生的哪一个阶段，都不应该认为自己失去了一切。你可能偏离了正路，你甚至可能做了一些可怕的事，但是那并不意味着你的人生就不能被转变过来，你依然可能找到新的热情，那会成为这个世界上向善的力量。

之前我还没有提过，实际上把维克多·马克思引向耶稣基督的人正是他的亲生父亲卡尔。没错，那个男人在维克多还没出生的时候就抛弃了他，而且当过毒贩和皮条客，但是他转变了自己的人生方向，然后又主动把他的儿子带到了上帝身边。

维克多在海军陆战队服役的时候收到了一封卡尔写来的信。之前卡尔曾否认维克多是他的孩子，抛弃了维克多的妈妈，并且拒绝对他承担任何责任。卡尔第一次见到维克多的时候，这个儿子已经六岁，但在后来那些年里他们几乎再无联络。他写了一封信给维克多，当维克多打开信，看到信纸上手写着“亲爱的儿子”这几个字的时候，心里忍不住一阵恶心，因为这个男人从来都不曾当过他的父亲。尽管如此，他还是读了下去。

他父亲在信中说，他很懊悔自己的人生如此堕落，而且对维克多几乎不闻不问。他曾经坐过牢，甚至还在精神病院住过一段时间。

维克多的父亲认识到“我们的上帝是一个把希望带给绝望的人的上帝”，而且无论你目前过着什么样的生活，“都会有人同样爱你。有人耐心地等待你为自己焦躁不安的灵魂找到安宁。上帝的宽恕和爱强大得足以包容全世界的罪孽和丑事”。

信中卡尔邀请维克多在下次兵役假期时去探望他，维克多同意了。他们一起去了教堂，而维克多在那里强烈地感受到了上帝的爱，这样的感受以前从未有过。

向善的力量

当代社会有一种危险现象，那就是许多人都把自己的事业或财富看得比他们自己还要重。谋求生计是我们必须要做的事，但是有太多时候我们会失去方向，看不到对我们的永恒救赎什么才是真正最重要的。工作职位、薪酬数量、财富积累和浮名虚誉都是镜花水月。虽然我主张追逐热情，但前提一定是那份热情能够施展你的天赋去为上帝增光添彩，而不是为自己歌功颂德。我认识一些被误导的人，他们所追逐的热情不过是要满足自己的虚荣和提高自己的地位。他们没有把上帝赐予他们的天赋用作尊崇上帝和造福他人并以此为乐，而是专心致志地玩弄手段去聚敛金钱、地位和权力。在这个过程中，他们忽略了自己的感情，顾不得提升精神境界。

寓信念于行动已经改变了许多人的人生，而且通常是以一些难以置信的方式。上帝赐予你的热情能够驱动和明确你的目标，从这一点来说，我的朋友埃杜瓦多·维拉斯蒂吉就是我最喜欢的一个范例，他的故事简直越来越好。

埃杜瓦多在十七岁的时候一头扎进了名利场的旋涡中。他出身寒微，是从墨西哥一个小村庄一步步走到好莱坞的。我在第一次参演电影的拍摄现场见到了埃杜瓦多，就是那部名为《蝴蝶马戏团》的短片。他是电影明星，在拉丁美洲尤其出名。在这部影片中，他饰演一个悲天悯人的领班，也是吸收我加入马戏团的人。这个特殊的马戏团赞美所有人和每一个人的天赋异禀。

开机的时候，我有点害怕见到埃杜瓦多，特别是因为我们在一起的第一场——按计划这是第一个拍摄的镜头——就要我朝他的脸上吐口水！我求导演让我先稍稍适应一下环境，然后再拍那一场。他同意了，但是推迟拍摄很可能是个错误，因为我越了解埃杜瓦多，就越不想对他做那样的坏事。他是一个拥有信念而且很有魅力的人。

直到我们成为朋友，我才知道了他的故事，过程比我原以为的要容易。在我们的第一次交谈中，我得知这个明星居然是我那些视频的粉丝，心里很吃惊。

找到真正的热情

在我们相遇之前，埃杜瓦多的人生经历了一场难以置信的转变。他在一个贫穷的村庄里长大，父亲是一个蔗农。他的父亲希望他成为一名律师，但是埃杜瓦多在法律学院上完第二个学期就退学了。“因为我意识到我的热情不在那里。”他说。

埃杜瓦多在十几岁的时候就已经迷上名利，并且决定在那条路上坚持走下去。“我想要成为一名演员、歌手和模特，但理由却全部是错误的。”他说，“我的理由是自私的。虽然我喜爱表演，但不够成熟。我想要成功，想要得到这个社会所推崇的一切——金钱、名望和女人，而且以为这些都会带给我幸福快乐。我不想默默无闻。”

20世纪90年代早期，埃杜瓦多加入了一个已经有两名成员的歌唱组合，名为“开罗”（Kairo）。他们这个拉丁裔的“男孩乐队”在拉丁美洲获得了巨大的成功，唱片和演唱会进入了五十个国家，听众通常都是那种喜欢尖叫的女孩儿。尽管取得了如此成就，但埃杜瓦多还是在1997年离开了乐队，转而进入演艺圈。他很快成了墨西哥肥皂剧——人称浪漫电视肥皂剧（telenovelas）——的男主角，先后拍摄了五部剧集。

然后，他又在2001年移居到迈阿密，以独唱艺人的身份签下了一份唱片合约。他在发行了一张自己的专辑后，又被选中在珍妮弗·洛佩兹的一张热辣音乐唱片中扮演她的情人。同年，他主演的第一部喜剧电影《脚踏三条船》（*Chasing Papi*）上映，他在其中扮演一个同时和三个女人约会的花花公子。他还被《人物》（*People*）杂志的西班牙版称为人气最旺的拉丁裔明星之一。

“我沉浸在浮华、虚荣和贪欲的泡沫中，而且如果你不清醒过来，它早晚都会毁灭你的心智和感情。”他告诉我。

有一天，当埃杜瓦多坐上从迈阿密飞往洛杉矶的飞机时，邻座就是20世纪福克斯电影公司（20th Century Fox Studios）的选角经理。他们相互做了自我介绍后，那名高管说，他的电影公司正在为一部新片寻找一位口音浓重的西班牙语男演员。他请埃杜瓦多读了几句对白，于是埃杜瓦多拿到了那个角色。

接下来埃杜瓦多就移居到洛杉矶，在那里雇了一位家庭教师来提高英语水平，而后者不仅仅做了本职工作，还改变了埃杜瓦多的人生。

二十八岁的埃杜瓦多看起来正在以演员和歌手的身份驶入星途，好莱坞称赞他是“下一个安东尼奥·班德拉斯”。他雇用了经纪人、经理人和律师——至少是十五个人——帮助他做职业规划，但他的心还是不得安宁。“我迷失了，而且感到很困惑，这些感觉转化成了一腔怒火，让我成了一个很难共事的人。”他说。

埃杜瓦多没有感受到他所期望的幸福。他原以为自己的热情在于表演，但是当他成熟起来之后，他意识到，利用他的才能为自己铺就星光大道并不是他所需要的。他的人生远离上帝，而这种虚无缥缈的存在方式咬啮着他。

当我们迷失了真正的目标时，就会发生这样的事。我们的行动和我们的价值观与原则不相匹配，所以我们的热情消退了。我们找不到激情和能量。你可能已经有过几次这样的感觉，甚至现在就有这种感觉。如果你内心深处总是感觉不快乐，就像埃杜瓦多一样，那么通常是因为你的人生并不是它本来应该有的样子，你的天赋被用在了错误的目标上。

不要忽视这些感觉，而是要检视它们，一路追溯它们的源头，这样你才能找回原来的路。一般来说，当你偏离了上帝为你所设的道路时，他就会派人把你拉回正轨。在埃杜瓦多的事情上，扮演这个角色的人就是他的英语教师。在上课期间，她捕捉到了他的不快乐，于是帮助他追本溯源，并鼓励他通过祈祷来获得指引。

“我仍然认为自己是一个不错的天主教徒，因为圣诞节和复活节的时候我都会去做弥撒。”他说，“只要不伤害别人或者剽窃东西，我就觉得自己可以做任何事。”

在和英语教师的谈话中，埃杜瓦多意识到，自己由于被名利需求所误导，已经迷失了精神方向。他误以为那些兴奋和自我享乐就是真正的热情所在，是上帝的赐予。他把自己比作一只在赛狗道上追逐假兔子的猎犬。如果真的有只狗抓住了那个兔子，那么他一口咬下的会是金属硬物，会伤到自己，于是他就再也不会追它了。

“我所追逐的是一场空。”他说，“当我得到自己一直以来所追求的对象时，我只会感到痛苦。我的英语教师是一个笃信基督教的淑女，她让我检视什么东西对我来说真的重要，真正的成功是什么，还有我一直以来在利用我的才能做什么。”

他已经让自己有了一种大男子主义的心态："和我在一起的女人越多，就越说明我是一个出色的男人。"但是当他的英语教师问起，他是否是一位母亲愿意托付女儿终身的对象时，"我意识到自己以前是多么愚蠢"。

在她的帮助下，埃杜瓦多发现自己不但是一个典型的大男子主义者，而且还任由自己被定型为拉丁裔男人的反面角色，比如沉湎于性事的拉丁裔情人或杀人不眨眼的毒贩或悍匪。

"我的家庭教师说，我非但没有利用我的才能去宣传家庭观念和正面形象并以此来为上帝增光添彩，而且还成了社会问题的一部分。"他说，"她给了我重重一击。我居然没有利用上帝赐予我的东西去做积极贡献，想到这一点，我的心都碎了。我以前所做的事反射的都是我的信念和拉丁文化的消极面。"

有那么一段时间里，埃杜瓦多为他选择的人生懊悔不已。他去忏悔——这还是多年来的第一次，向上帝承诺他会终此一生都寓信念于行动。他发誓无论做什么事都会尊重上帝和上帝所传承的思想，包括尊重女性和女性的尊严。

"我意识到，一个真正的男人会尊重女性。"他说，"我现在懂得了，性是上帝的恩赐。它是庄严而神圣的，而这种恩赐需要被保护，要和我此生除上帝以外最重要的人一起分享，而那个人会是我的孩子们的母亲——如果那是神的旨意。我发现了贞洁的价值，而且向上帝保证，除非到结婚那一天，否则我永远都不会再和哪个女人发生关系。"

用心去看

除此以外，埃杜瓦多母亲的一番话也是让他幡然醒悟的原因。她告诉他，她有一天对他父亲说："我不知道拿我们的儿子怎么办才好。我担心他最后会锒铛入狱，生病住院，或者一命归西。他这样的生活方式是肯定不会有好结果的。"

埃杜瓦多怀揣着改变人生的热切愿望，毅然离开了刚刚起步的演艺生涯。他解散了整个团队，拒绝了之后四年邀他出演的所有角色。他不再想成为名人，而是把满腔热情用于认识上帝、爱上帝和为上帝服务。他发誓，从今以后再也不会把他的才能用作除此以外的任何目标。

"如果那意味着要终止我的演艺生涯，那么就让它终止吧。"他说。

在接下来的几个星期和几个月里，埃杜瓦多的收入直线下降，但他把这看作重获新生的必要条件。他尝试扫清一切物质干扰，好在自己的人生中再一次聆听到上帝的声音。他说这个净化过程起初是痛苦的。他罪孽深重的人生、被他伤害过的女人、他讲过的那些谎言、他为了追求个人荣耀而浪费的那些时间，都让他流下悔恨的泪水。

埃杜瓦多努力让自己的信念回归到人生核心。他阅读《圣经》和宗教书籍以获得激励，进而培养自己的信念。"我没有钱交房租，我一无所有，但是我应有尽有。"他说。

埃杜瓦多打算参加一个教会使团，用两年的时间到亚马孙雨林去帮助穷困人口，借此把过去的罪孽从灵魂中涤净，但是他的牧师说：

“好莱坞将会是你的丛林。它属于上帝，而不是电影公司，我们需要把它拿回来。你要成为黑暗中的光芒，因为好莱坞对全世界有如此巨大的影响，而且我们的主让这个地方打动你的心，自有他的理由。”

他的牧师建议他利用自己的才能和渠道，制作出传递积极信息的电影。圣母特里萨[①]曾说过这样一句话：“我们的使命不是成功，而是秉持对上帝的信念，如果成功和信念相伴而来，那么请感谢上帝。”埃杜瓦多牢记这一点，创办了他自己的电影公司，名为Metanoia，这个希腊语的意思是“悔改”。他的目标是在制作出积极励志的影片的同时，为上帝的目标服务。

Metanoia电影公司的第一部影片是《贝拉》。这部影响巨大的作品传递的是反对人工流产的积极信息，制作费用为三百万美元，世界票房收入是四千万美元。而最大的收获则是埃杜瓦多收到了来自女性观众的电邮、电话和信件，她们都说影片改变了自己的人生。此外还有五百多位女性联系到他的员工，说这部电影让她们决定生下孩子，放弃堕胎的念头。

《贝拉》的成功让埃杜瓦多得以制作出更加积极励志的影片，包括他的最新作品《小男孩》。随着他积累的资源越来越多，他利用才能向善的热情也与日俱增。他最了不起的创作可能就是他的国际援助组织Manto de Guadalupe（意思是“信念的斗篷”），这个组织的目标是宣传人性尊严和救苦救难，去存在大量此类需求的地方，包括苏丹（达尔富尔）、海地和秘鲁。

他的热情的另一个主要归宿是打消年轻女人的堕胎念头。他为这份热情如此用心，以至于开始在闲暇时间蹲守在洛杉矶最贫困地区的

---

① 被称为全世界穷人之母的著名慈善家，也被称为特里萨嬷嬷。

堕胎诊所外。他会在那里拦住怀孕的女孩儿和女人们，和她们交谈，为她们提供解决问题的办法，帮她们得到医疗护理、食物和工作。他寓信念于行动的努力还不止于此，借助“信念的斗篷”组织和乐此不疲的募捐行动，埃杜瓦多在洛杉矶创办了一个医疗中心，为怀孕的女人和她们未出生的孩子提供免费且高质量的护理服务。这个中心位于拉丁裔聚集区，方圆一千多米内共有十家堕胎诊所。

“看到有那么多堕胎诊所在这个拉丁裔聚集区，我简直要发狂了，而且头痛得很。我先是利用星期六的时间到那里劝说女人们不要堕胎。如此过了一年后，我决定为她们提供一个选择的机会，就是帮助她们生下孩子和照顾她们。”他说。

埃杜瓦多克服了重重障碍，才终于让这个组建医疗中心的想法变成现实。我有幸成了募捐者的一员，支持“信念”诊所的运营，那里有非常先进的医疗设备和一群优秀善良的医疗人员。埃杜瓦多把这个诊所设计得好像是一所疗养中心，让那些女人一到那里就会马上感觉到舒适和关爱。迄今为止，他们已经挽救了许多生命。

现在我和埃杜瓦多都把彼此当成了兄弟，回想起拍摄《蝴蝶马戏团》的时候，为了完成我们两人一起的那场大戏，他曾不得不大声呵斥我，让我朝他脸上吐口水。我不断请求导演干脆用特效来完成那个镜头，而身为专业演员的埃杜瓦多则不断劝说我照原计划来，直到我终于同意——当然，他并没有因为一个业余演员难免重拍七八次而激动得跳脚！事实上他们给了我一些特殊的药片，才让我吐出了带沫的口水。

我很感激埃杜瓦多没有为此而记恨我，而且这么多年来我们的友谊有增无减。他最近刚刚完成了一部影片《耶稣万岁》（*Cristiada*），讲的是20世纪20年代墨西哥爆发的一场反迫害的天主教运动，明星阵容包括安迪·加西亚、伊娃·朗格利亚和彼得·奥图尔。（2012年本片在美国上映的时候名为《更大的辉煌》。）埃杜瓦多的事业再一次进入上升通道，他制作的是积极向上和充满信念的电影，因此他的人生能够在信念和安宁中度过。

第一次在《蝴蝶马戏团》的拍摄现场看到埃杜瓦多的时候，他说在人生最艰难的那段时期里，他在公寓的墙上保留了一张我的海报来激励自己，这番话让我吃惊不小。而当埃杜瓦多讲了自己的故事后，我发现他反过来对我产生了激励作用。

我的这位朋友弃“恶”从善的事例证明了，无论何时发现我们真正的热情和目标——它们让我们能够表达出上帝创造我们时赐予我们的所有祝福和爱——都为时未晚。无论你身处人生的哪一个位置，无论你在道路上偏离了多远，你总能回归正途。如果你还没有找到自己的热情——或者像埃杜瓦多一样迷失了方向，请秉持信念，宽恕自己，并请求上帝做同样的事。然后你就会走上一条能够让自己变得势不可当的道路！

永不止步

第五章 身残志坚

UNSTOPPABLE:
The Incredible Power of Faith in Action

加拿大不列颠哥伦比亚省克兰布鲁克市的雷切尔·威利森在一年内失去了她的婆婆、奶奶、父亲和狗。那段时间唯一的好消息就是她怀上了第二个孩子，在和丈夫克雷格努力了许多年才怀上第一个孩子之后，如此顺利就有了第二个真是运气。

到了2007年11月，就在雷切尔失去父亲两个月后，她和丈夫被告知，B超显示他们二十一周的胎儿有些地方不太对劲。在叫来一名射线专家并做了另外几项检查后，她和丈夫被告知，女婴看起来没有胳膊，而且两条腿也比这个阶段的胎儿应有的长度要短得多。

“我泪流满面地奔回家里，开始在Google上搜索‘没有胳膊和腿的婴儿’，”雷切尔说，“屏幕上就弹出这个看起来可爱得不得了的金发男孩儿，没有胳膊也没有腿，但嘴里却含着个奶嘴！我开始读有关这孩子的信息，原来他现在已经是个二十几岁的小伙子了。我把我能找到的所有关于他的视频都看了一遍。我的视线简直没有办法从屏幕上移开。我一共看了十到十五个那样的视频，在一个个看下去的过程中，我平静了下来。”

最初给了她当头一棒的那些可怕和消极的想法渐渐被比较乐观和

积极的想法所取代。“如果这个没有胳膊和腿的小伙子能过得很好，那么我的孩子也能。他看起来真的不错，快乐而又乐观，他还环游世界。我们能够处理这个局面，我们的孩子会好的。”

“他在那些视频里说的话让我冷静和安下心来。我意识到上帝正在抚慰我的心，他在告诉我，力克·胡哲能成为一个了不起的人，我们的孩子也能！”她回忆道，“上帝知道该给我什么。”

是的，信不信由你，那个“可爱得不得了的金发男孩儿”就是我。（谢谢你，雷切尔！这样一来就有两个人认为我极其可爱了。）雷切尔·威利森和克雷格·威利森在找到我小时候的照片，读过关于我的故事和看过我的视频之后，相信了他们尚未出生的孩子能够过上比较正常的，甚至是好得不可思议的生活。所以当医生暗示他们可以选择终止妊娠之后，他们的回答是：“不，绝不！”

“我觉得自己在说出‘不’字之前连口气都没喘！”雷切尔说，“我们尝试了十年之久才生下了第一个女儿乔治娅，我甚至不能理解为什么要杀死布鲁克这个孩子。或许在世人的眼中她并不完美，但在我们眼中她就是完美的。我们相信这个孩子来到世上一定有某种理由——上帝的理由，不是我们的理由。我凭什么说什么是完美的呢？她在踢腿、在移动，她的心在我体内跳动。我的孩子无论是什么样子，都是我的孩子。”

雷切尔和克雷格决定像我父母亲抚养我那样——“按照上帝的旨意”——把他们的女儿抚养长大，她是他们的“小小杰作”。

布鲁克出生的时候，她的家人不但已经做好了准备，而且还很兴奋，感到幸运。“我们举行了一个庆祝仪式。”雷切尔说，“我们的病房来了三十五位带着鲜花、食品和礼物的访客，以致他们不得不关了产科病房的门。”

布鲁克出生两年后，我见到了她，还有她的父母亲和姐姐。当雷切尔给我讲述她的故事，说她一开始被影像报告打击得不知所措，然后由于我的视频而平静下来和疑虑被消除的时候，我万分感动和感激，以至于忍不住哭了出来。

我自己的父母亲在我出生之后找不到有过类似经历的人来给他们安慰和鼓励。但是自从我见过威利森一家之后，我的父母亲就一直和他们保持联络，为他们提供指导，和他们分享经验。能够帮助这一家人和他们的宝贝女儿布鲁克是怎样的一种恩赐啊——2012年2月这女孩儿就四岁了。

“她就像女版力克。”她母亲说，“他们有着同样的决心、爱和热情，还有那种不管不顾的态度，有时候能吓人一大跳，那是他们对人生充满激情和兴趣所致。拥抱他们是最美妙的事。当你拥抱力克和布鲁克的时候，由于他们没有胳膊，所以你能够和他们的心贴得那么近，这总是让我感叹不已。”

找到舒适，而不是绝望

我多次看到个人和家庭应对残疾或重病的问题，而布鲁克的父亲克雷格是一个榜样。克雷格·威利森非但没有为孩子缺少四肢和他给家庭带来经济压力的生理问题而感到愤怒或痛苦，而且比以前任何时候都更能靠近上帝。

“我本来不太信教，也没有太多信念，但是我们给女儿取名为布鲁克·黛安娜·格蕾丝·威利森，就是取上帝的慈悲（grace，音译为格蕾丝）之意。毫无疑问，她的出生让我离上帝和很多新朋友——

我们的教会大家庭——更近了。”他说。

布鲁克的出生并不是一帆风顺，她母亲在分娩之后大出血。“但是我看到了上帝是如何介入并让一切都好起来的。”克雷格说，他决定等妻子和女儿回家并且一切平安之后，就马上接受洗礼。“我认为上帝看出了我和雷切尔是那种能够应对小布鲁克的残疾的人。”他说，“她绝对是上帝的天才儿童，而且自她出生后，上帝就做了许多好事来帮助我们。最近有两个‘天使’降临在我们的社区，要在我们这个地方免费建造一个巨大的配套设施。我们感觉上帝是要让人们团结在一起。”

现在我仍和布鲁克以及她的父母保持着联络。他们是那么快乐的一群人，这一点总是会把我打动。我不是随口这么一说，他们肯定有他们的困难，但是你只需要在他们身边待一下下，就能感觉到他们的生活真的很快乐。布鲁克就像一盏明灯，吸引人们来到她身边，而她父母似乎总是为她和姐姐乔治娅的人生欢庆。

雷切尔做了一系列T恤给布鲁克、他们的家人和朋友们，上面写着类似于这样的话：“有了上帝，谁还需要四肢？”“上帝创造我的时候，就是为了炫耀！”还有我个人最喜欢的：“胳膊是为弱者准备的！”

在处理布鲁克身体残疾这件事上，威利森夫妇把他们的信念付诸行动。他们相信上帝对他们的女儿自有计划，尽管他们还不知道那计划是什么。他们说，看着上帝逐渐揭晓为我所做的计划，他们感到获益很多。虽然他们知道上帝为布鲁克做的计划可能完全不同，但是他们每一天都带着感激之情、悲悯之心和健康剂量的幽默感（如T恤上所写的那样）等着那计划的到来。

为什么有一些像布鲁克这样的残疾人，或者其他为病魔、病痛所折磨的人能够找到安宁，能够从人生的其他方面得到快乐，甚至在自己身处困境的时候仍能做出积极贡献？是因为他们不肯让生理问题伤害到他们的感情吗？是因为他们选择只看人生好的一面，而不看坏的一面吗？可能他们已经决定放开自己的痛苦、愤怒和悲伤，转而让上帝接手。其实大多数有严重健康问题或患有重大疾病的人每天都在以某种方式寓信念于行动。那往往是对他们的医生和护士的信念，或者是对药品、治疗手段和医疗设备的信念。接受专业的医疗护理和坚持信念并不相悖。上帝已经给了你这个机会，让你接受经过专业训练和具备专业技能的人的帮助。如果你感到口渴，那么可能会喜欢通过神仙法术来满足这种需求，但此时若是有一个关心你的人递过来一杯水，你也肯定会接受，不是吗？同样的道理，当你带着信念前行的时候，完全可以让上帝来指引你，让你做出决定。

你不一定要通过信教的方式来寓信念于行动，但是作为一名基督徒，我必须要说，在我虚弱无力的时候，只要心里想到上帝是坚强的，我就会得到莫大的安慰、安宁和快乐。然而，像我的朋友加里·菲尔普斯那样快乐却是我可望而不可即的，他一生下来就有唐氏综合征，如今已经二十五岁，他是我所认识的最能鼓舞人心的人之一。

有一天，加里听家里人的一些朋友说起有个新生儿刚刚也被诊断为唐氏综合征。他们中有个人没有意识到加里也在听，于是说了一句：“哦，那真是够可怜的。”

这时候加里从椅子上跳起来说：“不，我认为这是件好事！”

“加里，你为什么要这么说？”那个朋友问道，“唐氏综合征对你来说意味着什么？”

“所有的唐氏综合征都意味着你会爱每一个人，而且你永远永远都不会伤害任何一个人！”加里回答道。

我的这位朋友已经从他的苦难和他的人生中找到了甜头。据说患有唐氏综合征的那些人会智力受损，然而我不得不说，加里可能比我们许多人都要聪明。他选择把关注点放在因祸而来的福佑上，然后把其余的事交付给了上帝。

加里的人生充实而又积极，他写作、唱歌，而且每天都录歌和运动。我从来没见过他以任何形式“倒下去”。他毫不怀疑并且全心全意地爱着耶稣，这很容易从他那些美好而真诚的祈祷文中看出来。

为什么是我

就像大多数身患残疾或有严重健康问题的人一样，我有很长一段时间都在质疑，为什么慈爱的上帝会把这样一场祸事降临到我的头上。这是一个很自然也很重要的问题。如果上帝爱我们每一个人，又怎么会让哪一个人承受那些痛苦难忍、危及生命甚至致命的疾病折磨呢？为什么他要让那么多人，特别是孩子，承受苦难呢？再进一步说：一个爱他所有作品的上帝，怎么能容许可怕的车祸、地震、海啸和战争这样的悲剧摧残和夺去人们的生命呢？所有那些太过常见的爆炸、枪击、白刃战、暴力袭击和其他严重事件又怎么解释呢？

问出这些问题的我是一个想要理解上帝行为方式的男孩儿，而且我已经多次被其他寻求指引的人问过这样的问题。由于我没有四肢，其他残疾人便来和我交流，他们中有许多人都会问我对这些问题做何解答。他们所面临的挑战往往比我的要大得多，比如囊胞性纤维症、癌症、瘫痪和失明。大多数人都想从我这里寻得“为什么是我”的答案，但在某些情况下，他们会给出自己的答案。我收到过一个名叫詹森的年轻人的电邮，他差一点就在一场可怕的车祸中丢掉性命。

他当时乘坐一辆由家人驾驶的汽车，而那位驾驶员失了控，撞上中央分隔带，结果造成翻车。此前詹森的安全带已经断了，所以被甩出了汽车。他头骨破裂，大脑有四个区域受损。而不幸中的万幸是，当时恰好有一辆救护车在附近。医务人员看到发生车祸，马上赶去救援。由于大脑肿胀，詹森不得不接受手术摘除了部分头骨。他昏迷了整整两个星期。等醒来时，他的右半边身体已经瘫痪，而且讲话困难，嗅觉失灵。在一个月的康复期内，医生发现詹森的鼻骨和锁骨已经断裂。他在医院又住了一个月后，讲话的功能得以恢复，但右半边身体还是处于瘫痪状态，另外还有一些其他难题。

“起初我担心不会有人再像从前那样待我，”他说，“但接下来我又产生了一种感觉，那就是上帝与我同在，而我会好起来。从那以后我对于这次受伤的看法发生了一百八十度的大转变。过去我常常问：‘为什么是我？为什么是我？’但是现在我会说：‘为什么不是我？’”

有人问过詹森，在遭遇了那么多噩运后，他是否依然相信上帝。“我的回答是，上帝让我活了下来，我怎么能不相信他呢？”

我同意詹森的看法。我不相信我们遭遇的受伤、生病或损失是上帝所为，但我的确相信上帝会为我们找到因祸得福的办法。就詹森这件事来说，上帝的做法是让他活了下来，并且让他的精神更加坚强。詹森如今更加珍惜他生命中的每一天。

《圣经》说，亚当和夏娃是灾难的源头。因为他们，所有人都是有罪的。在亚当和夏娃逃出伊甸园的时候，他们就已经堕入罪孽的深渊，并且被驱离了超自然界，来到自然界。因他们的罪孽，他们和他们所有的子孙——包括你和我——都被隔离在上帝的领土之外。所以尽管我们可以尽力通过上帝在天堂得到永生，但我们首先必须在自然界度过暂时性的人生，然后才能到达那里。虽然我们身在自然界，但还是应该让自己的人生拥有目标，这样上帝才能赐福给我们，哪怕是通过糟糕的境遇。

这是一个很难通过逻辑思维来想通的观点。积极的态度固然有帮助，但尚不足以对付重大的医学问题。你还需要家人和朋友的爱。无论你所承受的伤害、病痛和残疾有多糟糕，你都能够借上帝之手，从中创造出美好的东西。我个人无法从痛苦和磨难中创造出美丽，但是上帝拥有仁慈、力量和伟大之处，所以他可以。

上帝对我们的爱就像父母对孩子们的爱。当孩子受了伤，父母有时会帮助进行治疗，有时却可能不会介入，因为孩子需要学习道理，解决问题，需要更加在意父亲或母亲。甚至还有一些时候，父母可能会插手终止孩子的快乐，因为那些快乐存在危险或者长期威胁——比如，当一个小孩子兴致勃勃地玩着火柴，或者当一个十几岁的孩子迷恋上一个只会带来消极影响的男朋友或女朋友。

有时候上帝会赐福给我们。还有一些时候，如果上帝感觉我们需要，他可能会允许我们的人生出现挑战、挫折或比这些还要糟糕的事情，以此提醒我们要靠近他，或者通过我们的磨难来提醒其他人。

然而，这个世界上还是有许多忠实而虔诚的基督徒在经受磨难。这又是怎么一回事呢？我希望自己拥有全部答案，但实际上却没有。有人说，上帝让我们的人生出现挑战可能是为了教会我们谦卑，就像对待那个曾经迫害基督徒的保罗一样。据他所写，当他成了一个广受欢迎的布道者时，上帝在他的体内放了一根刺，“作为对我时时刻刻的提醒，唯恐我会忘乎所以”。但是保罗指明，上帝还赐予他承受那种负担的慈悲之心——这是所有人都可以希冀得来的。

“苦难造就毅力，毅力造就人格，而人格造就希望。”他写道。

逆境造就坚强

我向来都相信，上帝会让我们通过应对挑战而变得坚强。近些年健康心理学的研究人员已经找到了对这一论点的支持。他们研究了那些经历过重压和严重创伤的人，那些压力和创伤涵盖的内容甚广，从危及生命的疾病到灾难性事件，再到失去至亲至爱。尽管你经常听到人们在经历创伤后提到“压力”这个词，但是心理学家们已经发现，那些成功应对过健康问题的人在经历创伤后还能够成长。

研究人员发现，许多成功应对过生理逆境的人实际上都以一些积极的方式成长了起来：

- 他们认识到，原来他们比自己所知道的要坚强，而在日后遭遇挑战的时候，他们往往能够恢复得更加迅速。
- 他们发现了谁是真正关心自己的人，而与那些人的关系从此变得更加稳固。
- 他们更加珍惜每一天的生活，还有人生中美好的事情。
- 他们在精神上变得更加坚强。

《圣经》中逆境成长的模范人物是乔布。撒旦夺走了乔布拥有的一切，不仅包括他的土地和财产，还有他的孩子和健康。即便如此，乔布仍然坚韧不拔。事实上，他坚持对上帝的信念，而作为回报，上帝最终把他曾经失去的一切双倍赐给了他。

然而，我相信重大残疾和健康难题还能够带来另外一个好处。我认为，上帝允许我们中的一些人遭受磨难是为了让我们能够安慰其他人，就像上帝曾经安慰我们一样。这种解释在我身上尤其说得通，因为我已经不止一次体验过它的真谛。

我不能说自己一贯都理解上帝的计划。虽然我的确知道天堂和我们现在这个暂时的人生不一样，但是当上帝做了一些看起来严酷而不公的事时，想要确信真的很难。你必须从上帝那里获得安慰和力量。你可以请求上帝的帮助，下定决心把局面交给上帝去处理。

《圣经》中说："面对任何情况都不要焦虑，但是面对任何情况都要怀着感恩的心去祈祷和恳求，让上帝知道你的需要。"此时此刻，在面对疾病、残疾或危及生命的挑战时，或许不可能做到不焦虑，但是你可以把一切都交付到上帝手上，借此来找到安宁。他能够循序渐进地赐给你力量，无论你需要靠它来应对自己面对的挑战，还是因为你正在为别人而悲伤苦恼。

你要知道，无论发生什么，下一段人生都不会有疾病或死亡，但所有人都必须在这个世上有始有终。上帝的计划并不是要留我们在这里受苦和死亡；他想让我们进入天堂，永远和他在一起。

然而，尽管我们要在这里度过短暂的人生，但我们能拥有一个很好的机会去认识上帝，并且把他的爱分享给那些还不知道耶稣基督为他们的罪孽而死的人。虽然天堂中的永生很美妙，但在人世间和上帝保持亲密关系也是一种很棒的机遇。

无论你身处什么样的环境，上帝都会让你为他设定的目标发挥作用。可能要花上几年的时间你才会理解那个目标是什么。在某些情况下，你可能永远都不会知道他计划的全部内容，也不会知道他为什么让某些事发生在你身上。也正因如此，才有必要知道上帝与你同在，并借此寓信念于行动。哪怕厄运会降临，也改变不了上帝爱你的事实。

奇迹有可能发生

当然，我不会建议任何人放弃。奇迹会发生，我在自己身上就见证过许多次，而且人们还经常把他们各自的奇迹讲给我听。约翰在邮件中给我讲了发生在他身上的奇迹，这个励志故事也是他寓信念于行动的证明：

> 我小的时候因为癌症而失去了一条腿，医生告诉我，我最多活不过五岁。
>
> 结果呢，我打破了那个预言，到2011年5月6日我就年满三十七周岁了。但这个过程并非一帆风顺。每过几年，本已缓解的癌症就会复发一次，而去年它来势汹汹，超过以往任何一次。医生告诉我，除非我开始实施严格的化疗方案，否则我在年内就会死去。
>
> 我马上拒绝了他们，并说我想死，已经厌倦了抗争。这种癌症已经夺去了我母亲、两个姐妹和三个兄弟的生命，所以我知道它早晚有一天也会夺走我的。我已经为此做好了准备！
>
> 我和牧师谈起了我的决定，而在做了很多次祈祷之后，我打算开始接受化疗方案。由此我需要每周做两次化疗，并且连续做十二周。在做第五次治疗的时候，他们按照计划给

我验了血，并把结果发给了我的医生。那一周的晚些时候，医生打电话给我，让我到他办公室去一趟。我刚到那里，他就马上从外面走进办公室，事实上他是哭着进来的。他告诉我，癌症已经没了！任哪里都看不到它的迹象，就好像它从来没有存在过一样。他开心得不得了，但怎么都比不上我开心！

我坚持每三个月去做一次检查，而且到目前为止一切都好。我知道有一天它可能还会回来，我甚至可能在下班回家的路上被一辆公共汽车撞倒。事实上，我们永远都不知道自己在这个世上什么时候会走到尽头。

《生命之书》中收录了所有人的名字和序号。我们只是不知道上帝会什么时候决定把我们带回家。我们要像在这个世上只剩下一天生命那样去爱彼此。充分体验人生，珍惜你每一天的醒来和呼吸。

约翰的故事和我听过的许多其他人的类似故事都证明了奇迹有可能发生，所以我至今仍在自己的壁橱里保留着一双鞋子——以备奇迹光顾我的那一天。你要把信念交付给上帝，表达出你的需求，祈祷奇迹的发生，借此来寓信念于行动；但是如果奇迹没有到来，你仍然可以成为这个世上照亮别人的一盏灯。上帝能治愈你吗？是的，而且可能那就是他的计划，或者也有可能不是。既然我们无从知晓，那么就应该每天都践行信念，相信上帝是最明智的那个人。目前我还没有如愿地看到自己长出四肢的奇迹，但是我经历了奇迹般的快乐和安宁，还有对信念的信任。这比大病痊愈的奇迹还要奇迹。毕竟如果你把人生中的任何事都看作想当然的，那么就算你的癌症能够被治愈，你也还是会痛苦。坦白说，如今拥有信念的我能够从人生转变中获得快乐，而且是巨大的快乐！你可能会为自己拥有四肢而欣喜，但是我每一天都为我没有四肢而欣喜。

最伟大的奇迹是从内到外发生转变。所以你要相信奇迹会到来，但也要知道即使奇迹不来，上帝对你也自有安排。

尽管我目前活在这段人生里，但我让自己发挥尽量长久的作用。赚多少钱或拥有多少辆豪车对我来说都不重要，重要的是我一直致力于走出去帮助人们，并且在为实现一个比自我享乐更伟大的目标而奋斗。

我们是其他人的前车之鉴吗

我不相信上帝是在利用病痛惩罚我们，但我的确相信他是在借此向我们发出一个我们需要聆听的信息。当上帝的朋友拉扎勒斯生病且将要离世的时候，耶稣说："这病不是要取人性命，而是为了上帝的荣耀，从而也让上帝的儿子得到荣耀。"

当耶稣让拉扎勒斯死去，然后又让他死而复生的时候，许多怀疑论者终于接受了耶稣是上帝之子的事实。

我们的病痛或残疾有可能会以某种方式为上帝所设的目标服务吗？没有四肢的我确实已经看到了这种可能性，它让我得以通过布道和仅仅作为一个范例来帮助其他人。我想，如果我的父母亲认识其他没有四肢的人，能够在我出生的时候指点他们和给他们希望，那么他们两个当初会好过得多。我如今能够以这种角色为许多存在类似残疾的男人、女人和孩子提供帮助，是何其有幸！我的父母亲一直在做同样的事，给那些家庭提供建议，并且让他们相信，他们的孩子即便没有四肢也能够克服困难并茁壮成长。如果我们此生别的什么都不做，那么给别人带来一些精神安慰和鼓励本身就是我们得到的一种很好的恩赐。

加利福尼亚州一位名叫米歇尔的母亲给我发过一封电邮，她和许多其他人发来的电邮不但坚定了我的目标，并且让我懂得了谦卑，因为它们让我醒悟，有很多人都战胜过比我这种难题更大的难题。米歇尔怀了三胞胎。其中名叫格蕾丝的那一个在怀孕二十八周的时候就提前出生了，轻微的大脑性麻痹影响了她的行走能力，而且她的右眼失明。虽然生理上存在这些难题，但格蕾丝在主流课程上却是名好学生，而且更棒的是，她有很强的信念。尽管格蕾丝似乎从不自怜自艾，但米歇尔的确被问到过"为什么是我"的问题。

你很难责怪格蕾丝或者任何一个人在面临重大残疾或者健康问题的时候问出那样的问题。我经常讲起和写到我自己的母亲对那个难题是如何作答的。米歇尔读过我的第一本书，看过我的视频，所以在格蕾丝问起我曾经问过的那种"为什么是我"的问题时，她以我母亲的回答为基础创造了自己的版本，来给格蕾丝指点。

"我告诉她：'因为上帝要在某些地方用到你，以便在合适的时机激励人们！'"米歇尔写道，"事实上，我告诉她那是一种恩赐——能让你尽早知道自己的目标。我知道有些成年人仍在为找不到目标而痛苦！"

米歇尔说，格蕾丝听了我的光盘，从而坚定地相信了那些话，她把我的照片带到学校去激励其他孩子，告诉他们："有上帝在你身边，万事皆有可能！"据米歇尔说，虽然格蕾丝有那么多残疾，但她已经重获信念。

"我有时怀疑，我拥有的是一个天使。"米歇尔写道。

像米歇尔这样的人还有很多。请一定要相信我，上帝利用我去帮助像格蕾丝这样的人是一种奇迹。如果只有在这样的时候才会有人向我传递这种信息，那么我会把它当作一生中得到的宝贵恩赐，但是日复一日地，信件、电邮和信息仍继续发来。许多人通过它们来感谢我，但是说真的，我一定要感谢他们，因为他们的坚强和势不可当的信念力量鼓舞了我。

从他们的一些信息中我看到，他们面对病痛和残疾采取的行动能够以一种令人难以置信的方式展示他们的信念。可以肯定的是，阿德里安娜就让我大吃了一惊。她二十五岁，像我一样，出生时就没有胳膊和腿，但她有双手和双脚。

“上帝告诉了我该如何茁壮成长，并且让我知道，自己除了身体上严重受限之外与其他人没有什么不同之处。就像力克一样，每天的日常事务都要让我付出好一番努力，但是坚强的力量让我看到人生灿烂的一面……通过耶稣，上帝在全世界数百万人身上创造了奇迹。我是他众多孩子中的一个，作为一个范例而存在。”

最初的三年里，阿德里安娜一直靠呼吸机过活，因为她刚出生的时候难以自己完成呼吸的动作。像我一样，她的背部也有问题，她做了两次手术，在脊柱两侧各插入了一根钢棒。尽管如此，这个了不起的姑娘仍能把目光集中在她人生中的好运上，而不是去负担烦恼。

“虽然我只有双手和双脚，但是我头脑聪明，而且在生活中有许多好朋友和家人。我还上了大学，由此成了一名法律顾问。上帝在人生中创造奇迹，而我就是那些奇迹之一。如果我们选择让人生美好起来，那它就是美好的。”她写道。

虽然阿德里安娜要应对的难题有很多，但她拒绝悲痛和自怜。她坚持信念，积极乐观，而且坚守人世间向善的力量。她激励了我，而我希望她的话也能够激励你。

上帝希望我们幸福和享受生活，无论我们每天经历了什么，我们都要欢欣鼓舞。虽然每个人各有不同，但在我们的天父眼里，我们是平等的、唯一的、相互独立的个体和存在，上帝在这个世上的所有作品都是如此。

虽然我们的人生和别人有差异，我们有残疾，还经历了许许多多，包括我们为追随和相信上帝而经历的那些事，但我们是他的孩子，是他以自己为原型的创作。

我们要做很多有意义的事为上帝和我们的社区服务。我们要传播福音，要传播主和他的儿子耶稣基督的圣言。

我们可能看不到他的真身，却看得到他的精神。

吃一堑，长一智

在《诗篇》第一百一十九章中，大卫王教人们在面对苦难和其他逆境的时候要寓信念于行动。大卫写道，他在生病之前就已经迷失了方向，让他受苦受难是件好事，因为那样能让他回归到上帝的法则中。

我的父母亲教育我，应该爱上帝，并不是因为这样他就会保护我或者赐给我四肢，而是因为了解他会指引我找到去往天堂的人生，由此成就一个完整的人生，无论那是什么样子。当你遭遇病痛、残疾或其他难题时，请祈祷让自己离上帝更近一些，这样他才好做出对你来说最有利的事。这个方法是，要承认你可能不知道什么是最好的，但是上帝知道，还有，你的力量无法治愈你自己，但是上帝可以。当你这样祈祷的时候，你就是在寓信念于行动，因为你把全部的希望都托付给了上帝的承诺，包括这一句："'因为我知道我为你安排的计划是什么，'主声明道，'那些计划会让你成功，不会有损于你，会给你希望和未来。'"

无论在何时，祈祷和提醒上帝想起他对我们的承诺都是一个好办法。在我看来，祈祷是最有效的灵丹妙药。而且这样一来，在等待上帝为你所做的计划揭晓的过程中，你还有其他事情可以做。

从我自己的经历中，我了解到，残疾、重病或伤痛能够激发人的恐惧心理。你可能也感到过孤独、寂寞和紧张。我人生中最难熬的日子往往就是我一意孤行地将那些爱我的人给予我的安慰和关怀拒之门外的时候。你不要犯这种错误。如果在你的人生中有人愿意助你一臂之力，那么请感激地接受他们的援手。告诉他们，你希望有一天自己能够像好朋友一样回报他们为你做过的一切，然后给他们机会，让他们尽他们所愿地帮助你。

如果你身边没有能够安慰你的家人和朋友，那么你可以去找一些专业人士，比如教会或者其他援助组织。你的医生和其他医疗人员能够帮助你找到这样的组织。大多数严重疾患和健康问题都有相关的援助组织，此外，还有一些更具综合性的组织能够帮助人们处理任何严重疾患。

我要提醒你一点，当你被一个来势汹汹的健康问题打得措手不及时，你可能会发现，处理这个问题让你分身乏术，以致生病和康复这样的事完全占据了你的大脑，但还有一件同样重要的事一定要牢记，那就是：你还是你。不要因为把心思都放在康复上而放弃你喜欢做的事和你喜欢相处的人。健康难题已经找上了你，但是不要让它掌控你的人生，破坏你对自己的判断和你对这个世界的价值。你比难题本身更重要。

有些日子相对来说的确比较难过。你可能会“出师未捷身先死”，有时不得不对身上的疼痛做出让步，但是你不要在感情或精神上放弃。你要坚强地守住你的乐观和信念，保持你的幽默感和敏捷思维，并且每天都要在感觉安宁和快乐的时候，找机会与你所爱的人分享，无论那是清晨一刻的安静还是另一天的快乐，无论是完美还是不完美。

我以书面文字或口头语言把我的人生描述为“好得不可思议”时，指的是我每天都收获了快乐。无论天气好还是不好，无论一切顺利还是噩运连连，无论是在家里和爱人一起还是在路上和陌生人一起，无论我感觉良好还是重病在身，人生都是那么“不可思议”。

你不能期望每一天都顺心合意。有时候你的生活是纯粹的喜剧，有些时候简直就是悲剧。但无论变好还是变坏，无论疾病还是健康，无论福还是祸，只要我们还活着，还在呼吸，就是不可思议的事，不是吗？人生本身就是一个奇迹。你和我都只有一张通行证，让我们能在莎士比亚描述的“这个凡尘俗世”中走一遭，那么你会利用这个通行证做什么呢？你在这个人世间生活的机会只有一次，那么你会允许病体、重创或残疾从中夺走哪怕一丝的快乐吗？我建议你不要这么做，而是要选择一条螺旋式上升的道路。如果你被健康问题打倒在地，或者因为残疾而慢下脚步，那么请利用这个机会，确保你的重要事情有条不紊，让你关心的那些人知道你有多爱他们，同时强化你的信念。

上帝之所以在你的人生中安排挑战，很可能是为了让你更加强大、更加热情、更加勇敢、更加坚定和更加充满信念。因此你要相信这种可能性的存在，并且运用它。可能你的身体残破不堪，但是你仍然可以让自己的想象力和精神去你想去的任何地方。或许你以前忙得无暇升华你的思想、锻炼你的人格、扫清心中魔障，那么现在正是读《圣经》和其他书籍的好时候，它们能够在你接受治疗的间隙，或者在护士、护士助理、医生、技师来探望你的间隙，充实你、支撑你。这样就能够治疗和强化那些他们力所不能及的地方。你要坚信，无论你的身体发生了什么状况，你的其他部分——包括你的思想、精神和灵魂——都会在这个过程中得到恢复和改善，你可以请求上帝赐予你那种信念。

不能康复也不是问题

当然，如果你得了绝症，或者有像我一样的残疾，那么是不会康复的。你所拥有的只是生命的其他部分。你要么就在剩下的时间里自暴自弃，沉湎于自怜、痛苦和愤怒，要么就接受挑战，在生命时钟进入倒计时期间，充分利用上帝赐予你的这次机遇来让自己做到最好。

在四肢全无的情况下选择了一条这样的人生道路和为他人服务的方式让我赢得了相当多的关注和赞许，但还有许许多多的人带着优雅的情怀、无畏的勇气和激励的信念，在那里静静地迎接他们的病患和残疾所带来的挑战。

丽贝卡·托尔伯特出生时面临的健康问题和身体残疾远比我自己的要难应对得多。她降生在一个为家庭暴力所困扰的家庭，是一个在紧急情况下早产的脆弱小生命。丽贝卡出生时体重连三斤都不到，但她被野蛮地推到了这个人世间。不仅如此，她所承受的每一天对她来说似乎都意味着更大的挑战。

最后，丽贝卡被诊断为痉挛性四肢瘫痪的脑瘫。虽然父母亲离婚了，但是她母亲劳瑞娜却一点点向丽贝卡灌输这样的思想，那就是她的家人和她的上帝都爱着她。

心中充满信念的丽贝卡一天天长大，她有着坚忍不拔的精神和乐观积极的态度。她不但没有觉得自己是个受害者，而且还成了征服挑战和治愈他人的人。还在上小学的时候，丽贝卡就发起了一次为阿富汗难民筹款的活动。为了实现目标，她一下一下地操作着定制的三轮车去收集每一笔捐款，之后又行驶了很远很远，才终于筹到了超过一千五百美元的资金。

她牢记着外祖母最喜欢的一段《圣经》的内容——《以弗所书》第三章第二十小节说："现在所有的荣耀都归于上帝，他让自己强大的力量运行于我们的体内，从而能够成功创造出无限大的成果，大得可能超过了我们的要求或想象。"

为了完成一个中学课题，丽贝卡和"世界轮椅"（Wheels for the World）合作，组织社区力量去收集用过的轮椅和其他医疗设备，以捐赠给2010年海地地震的受难者。她对于人生的积极态度和热情为她在学校里赢得了许多新朋友。她主动走出去接触人群，而她开朗的性格得到了大多数人的回应。

但后来丽贝卡经历了一些挑战，那是我在和她差不多年纪的时候也经历过的。中学时代是一个人开始意识到人与人之间有所不同的时候，然后你会在接下来的人生中逐渐意识到所有人是多么相同。十几岁的年纪对任何一个人来说可能都是种挑战，而对于我们中间那些身体残疾的人来说，这个挑战更甚。

当你的智力和身体迅速发育和变化的时候，发生在你身体里的那些化学变化同时也会让你的感情更加丰富。这时候的你身处一个瞬息万变的环境，因为你的同学和朋友们也在经历着同样的变化。每个人都试图弄明白如何让自己适应这些变化，朝着哪个方向去适应，以及未来有些什么。

我在那个年纪的时候开始意识到，我的同学们能够做到的一些事，我即便用上自己所有的决心和信念也不可能完成。十几岁的时候，我还遭受过其他同学的欺凌和残忍对待。尽管那些通常就是一句不顾及他人感受的话或者某个人蹩脚的幽默，但我还是无法消除受伤的感觉和自我怀疑的心理。

丽贝卡也经历了类似的挑战。进入中学给她带来了新的快乐、新的朋友和新的难题，而且让她越来越觉察到自己与其他孩子的不同。大多数同学都喜欢她快乐的性格，但有些人却不喜欢和她在一起。有几个人对她恶语中伤，或者拒绝和她交朋友。

那些话和拒绝让人很受伤。虽然丽贝卡努力保持自己的积极和乐观，但还是开始纠结于自我怀疑和绝望：为什么上帝没有把我治好？为什么他允许人们伤害我？为什么我要被困在这个轮椅上和这副躯壳里？

在受伤和失望的情绪中，她有生以来第一次怀疑上帝对她的爱：上帝呀，你确定你爱每一个人吗？你确定这“每一个人”中包括我吗？

恭敬地向上帝问出这些问题并没有错，就像《圣经》中说的：“努力寻找，你终将找到。”只有通过询问，我们才能找到答案。如果我们任由好奇心和实事求是寻找答案的过程激发我们的怀疑，动摇我们的信念，那么就会引发问题。这是因为，我们一时间还找不到那些问题的答案并不意味着它们就不存在。信念要求我们，有时候必须等待上帝揭晓他对我们的安排，有时候在问出问题并寻找答案期间，我们会认识到，上帝为我们设计的人生前景要比我们自己设计的宏伟得多。

不幸的是，有时候人生中的确会出现接二连三的失望与伤害。你我可能会竭尽所能去经受这些考验，但同样地，我们也可能在它们的重压下颓然倒地。

尽管丽贝卡决心通过自己的努力在学校里做个好学生和在班级里做个好干部，但她还是在高中毕业的时候陷入了一场争论旋涡。她满以为自己会顺利升学，甚至还计划着在典礼上当众为大家祈祷。然而由于技术性细节，学校董事会裁定她还不够毕业的资格，不但不允许她在典礼期间坐在同学们中间，还不允许她参加典礼。

这个事情对丽贝卡来说太残忍了。她对毕业那一天已经期盼了好久，还梦想着自己在那个盛大场合上要扮演的角色。除了这件事，她还经历了一系列失去亲朋好友的悲痛，先是五年前她亲爱的外祖母去世，接下来有九个朋友死于白血病、帕金森症、脑癌或自杀。

丽贝卡感觉自己被接踵而来的伤心事淹没了。忧伤黯淡了她的精神，笼罩了她的思想，关闭了她的信念。她的灵魂遭遇了强敌，并让对方站住了阵脚。这个充满活力的姑娘过去花费了那么多的时间去寻找帮助他人的方式，如今却突然间失去了对生活的全部兴趣。每一天似乎都比前一天更加黑暗，消极的声音在她的脑海中萦绕不去：你就是这么一个大包袱，没有人真正关心你，他们全都只是在同情残疾而可怜的小姑娘。

自杀的冲动袭来。有一天，她意识到自己正盯着厨房放刀具的抽屉，打算趁着母亲外出购物的时机结束自己的生命。

丽贝卡深爱的那些人试图让她从忧伤中振作起来。有一个星期天，她的母亲坚持让她去教堂。通常情况下，丽贝卡总是第一个冲出家门去做礼拜，如今她却不想离开自己的床。她的母亲一定要坚持。她相信上帝仍在眷顾丽贝卡，她需要去上帝的家里，需要和上帝的子民在一起。

劳瑞娜帮助丽贝卡下床，穿衣服，坐上轮椅。她们开车去了教堂，一路上丽贝卡沉默不语，仍然把自己紧锁在低落的情绪之中。当她们进入教堂圣地的时候，她的母亲拿到了一份教会公告，里面掉出了一张纸，那是一个活动预告的插页。

丽贝卡的母亲在那页纸上看到了一张熟悉的脸。在陷入这次低谷之前，她女儿经常从这个人身上寻求激励。劳瑞娜两眼含着泪水，把我的照片递给了丽贝卡，并且告诉她，我会作为特邀演讲嘉宾，出席不允许她参加的那个毕业典礼之前的宗教仪式。

“现在你还认为上帝把你遗忘了吗？”劳瑞娜问她。

丽贝卡经常看我的视频，她甚至祈祷有一天能够见到我本人，因为她也怀揣着一个梦想，就是激励他人和与人分享她的信念。经常有人告诉我，单单是看到我的照片就已经能够受到影响。我认为他们说出这话并不一定是好的意思！但是这一次我相信是的。

几个月来，丽贝卡第一次感觉到心里照进了一束光亮。安宁的感觉包围了她，赶走了痛苦的想法和自怜的心理。

那天我演讲结束后，丽贝卡和她的母亲来找我交谈。劳瑞娜把她女儿的挣扎告诉了我，于是我为丽贝卡祈祷，并且两个人私下里聊了几分钟。她把一直压在她心上的大石讲给我听，我能够理解。我告诉她，我自己也经历过那些，并且让她想起她自己最喜欢的一段《圣经》内容：“耶稣让我变得强大起来，通过他，我能够做任何事。”

“放下你对身体残疾的那些担忧，把你的信念和信任放回到上帝的能力范围内，”我告诉她，“把你的关注点放回到耶稣身上。让自己放手，把一切托付给上帝。”

为什么上帝把我造成了没有四肢的样子？为什么他让我通过谈话向这个出色却痛苦的姑娘心中注入希望？我期盼着能够面对面向上帝

问出这些问题的那一天。或许到那个时候，他给出的理由已经不再重要，重要的只是结果。

在《哥林多后书》第一章第三和第四小节中，门徒保罗说："赞美上帝。他是我主耶稣基督的天父，是仁慈的天父，是主宰一切安慰的神。我们面对的所有难题都由他来给我们解决，这样我们就能够以我们自己从上帝那里得到的安慰，去安慰那些面对各种难题的人。"

我要欣喜地说，丽贝卡在一年后顺利毕业，成了2010届的毕业生。在她那些同学的要求下，她以致辞的方式为大家做了祈祷。你一定能够猜到，那天以及那天之后的日子里，她打动了许多人的心。

如今她成立了自己的非营利性组织"天生我材必有用"（Formed for His Use），并且帮助其他人完成上帝为他们设定的人生目标，还有自己的人生目标，这都是她寓信念于行动的方式。丽贝卡这个曾一度得到安慰的人，如今已经是一个给予他人安慰的人。她给面临残疾问题的个人和家庭提供指导和激励。她追随自己的心意，去帮助那些身心受伤的人。

永不止步

第六章 战胜自己

UNSTOPPABLE:
The Incredible Power of Faith in Action

特丽二十一岁的时候给我的网站“没有四肢的生命”（LWL，Life Without Limbs）写了一封信，讲述她“自我伤害的曲折历程”。她沉溺于割伤自己而获得的快感，她对那种感觉的渴望太过强烈，以至于不惜冒着生命危险去割自己的动脉和手筋脚筋。

“那就是过去的我。”她这样谈起自己的自残癖好。

我在旅途中听过许多类似的故事，让人担心不已。心理健康专家说，以利器或者硬物伤害自己的人一般不是想自杀，但很容易把自己置于生命危险之中。那是一种应对方式，就像用创可贴去粘一条已经被割断的动脉一样。割伤并不能治愈或解决真正的问题。那些自残的人通常是要借此让自己从剧烈的感情痛苦中解脱出来，那是他们在伤心欲绝的情况下，感觉自己无法以其他方式逃离的痛苦。

特丽和其他的人都说，他们之所以沉溺于伤害自己的行为，是因为大多数人在这样做之后能立即失去知觉或冷静下来，这让他们欲罢不能，哪怕心里明知其危害性。他们一般宁可自残，也不愿意去做一些能让人开心的事。

自残的行为总是被形容为无声的呐喊。

特丽写道，她在心理痛苦的驱使下，求助于生理痛苦，来让自己从无边无际的自我否定和自我厌恶的感觉中解脱出来。幸运的是，这个年轻的姑娘接受了一名专业心理咨询师的帮助，从而得以在自我毁灭的冲动中引她走向死神之前悬崖勒马。

多亏了心理咨询和她自己的决心，特丽有一年半的时间都没有再割伤自己，但后来那种欲求又一次侵袭了她，她写道。于是她的心理咨询师再次帮她控制住了那些可能致命的冲动。

心理咨询师给特丽讲了我的故事，并且建议她看我的视频，以此作为再次治疗的部分内容。特丽在电邮中写道，有了我的人生道路的映衬，她的人生道路看起来前景光明。

“如果说我从力克的故事中学到了什么东西，那就是无论人生多么艰难，无论我多想冒险，我都应该感恩。我应该为自己居然拥有双臂而感恩，我应该为自己拥有双腿而感恩，我应该为自己能够用手指敲出这封信而感恩，我应该为自己能够如此轻而易举地吃饭、穿衣和照顾自己而感恩。”特丽写道。

“为什么我要用这么可怕的行为去摧毁上帝给予我的这么珍贵的恩赐呢？”她补充道。

特丽的故事让人害怕，却也令人振奋。说它让人害怕，是因为她过去那些自我毁灭的冲动全都似曾相识。说它令人振奋，是因为她明智地接受了专业的心理咨询，并且听从了专家的建议，这相当于挽救了她的生命。

然而，我还是想在像特丽一样的人做出任何伤害自己或伤害他们所爱的人的事情之前就接触他们。我理解他们的心理痛苦，但是我知道有很多应对办法都比通过自残来获得生理痛苦要好得多。当童年的我构想并尝试自杀的时候，我自以为我的绝望是绝无仅有的。我觉得只有我一个人在承受痛苦，但可怕的事实是，我只不过是沧海一粟，这个世界上有数不清的人在伤心难过中考虑、尝试和实施自残的行为，或者结束自己的生命。

由于大多数残害自己身体的行为都是在私底下，所以很少有关于自我伤害的深入统计研究，其中可以包括抓伤、咬伤、割伤、撞头、扯发、服毒和自焚。一项针对美国大学生的研究表明，32%的人都曾经有过这些危险的行为。据自我伤害方面的专家估计，在所有的青少年和年轻成人中，有15%到22%都至少故意伤害过自己一次。

有关自杀未遂者和自杀死亡者的统计记录更为方便可得，甚至更为可怕。地球上每年大约有一百万人自杀，这相当于每四十秒就有一人故意残害自己身体致死。根据世界卫生组织数据显示，自杀已经成为十五岁到二十四岁年龄段人的第三大死因，而且最近四十五年来，自杀率已经攀升了60%。

就在最近，我在华盛顿哥伦比亚特区的一所中学里演讲的时候，曾要求学生们闭上他们的眼睛，然后举起自己的双手，我对他们说，如果谁曾经有过自杀的念头，就握紧自己的拳头。结果八百名学生中有将近75%的人都暗示自己曾经有过这种想法。然后我又对他们说，谁如果确实尝试过自杀，就把拳头放开。结果有将近八十名学生暗示他们已经尝试过结束自己的生命。这难道不可怕吗？

那些被自杀的想法冲昏了头脑的人，往往感觉自己的人生没有目标或者没有意义。他们的痛苦让他们觉得未来没有希望，无论那痛苦是源于关系破裂、健康问题、失去至爱，还是源于看似不可逾越的挑战。

每个人都有各自不同的烦恼。我理解失去希望的感觉是什么。即便是现在，回首看看我自己尝试自杀的行为——简直错得离谱——我也能够理解当年那个灰心丧气的小男孩儿的心理。问题不在于我没有四肢，而在于我没有信念和希望，由此才引发了我的绝望。

尽管我出生时就没有四肢，但我从不曾想念它们。我找到各种方法，让自己能够独立做到尽可能多的事。我的童年很快乐，经常和弟弟、妹妹以及许多表兄弟姐妹一起玩滑板、钓鱼和“室内足球”。当然，我时不时地要被医生和治疗技师们戳戳这里、刺刺那里，很不好受。然而大多数时候，我并不介意这个不同寻常的躯体给我带来的善意关注。有时甚至有好事因它而起。澳大利亚的报纸和电视台制作了关于我的专题，称赞我“人生不设限”的决心和努力。

长到一定年纪的时候，我很少再被人欺凌和嘲讽了，因为那个年纪的所有孩子都常常在操场上、食堂里或者公交车上遭遇类似的作弄。当我失去信念，并把关注点放在自己力所不及而不是力所能及的事上的时候，自我毁灭的冲动就乘虚而入了。由于我的视线囿于目力所及的范围，而不是把目光放长远，去憧憬那些可能的事——甚至不可能的事，所以我就失去了对未来的希望。

应该不会有人为我惋惜，也不会有人在和我所面临的挑战做对比后就小瞧他们自己面临的挑战。每个人都有一本难念的经。用你的那本来对照我的这本可能会有些帮助，但你真正应该看到的是，上帝比我们任何人可能面对的问题都要强大。我很高兴特丽和其他人从我身上得到了激励，并由此发现一个全新而且更加积极的人生前景，但他们了解的并非我的全部。

首先，虽然我缺少整套肢体的一些标准配置，但我拥有好得不可思议的人生。事实上，要不是我开始不断地把自己和同龄人做对比，我年轻的自我认同感和自信心就不会瓦解。其次，我非但没有为自己能够做到的事感到自豪，还总是想着同伴们能做而我没有能力做到的事。我非但没有把自己看成是一个能者，还把自己看成了一个废物。我非但没有为我的与众不同而自豪，还一味渴望成为另外一个人。我的关注点发生了变化，我感觉自己一无是处，我把自己看作家人的包袱，我把未来看得毫无希望可言。

消极的想法和情绪会让你不知所措，会遮挡你的视线。如果你不“关掉”它们，那么在你眼里，自我毁灭就会成为唯一的出路，因为你看不到除它以外的路。

既然我感觉自己已如行尸走肉，那为什么不真的成为一具尸体呢？

我只能借助体外的痛苦来终止内心的痛苦！

许多人曾闪现过自杀或自残的念头。在这些情况下，能够挽救你生命的办法就是把你的视线从自己身上转移到你所爱的那些人身上，从眼前的痛苦转移到未来更美好的前景上。当自我毁灭和自杀的念头缠上你时，我建议你寓信念于行动，无论那个信念是你会过上更好的日子和更好的人生，还是爱你的人——包括你的造物主——会帮助你挺过这场暴风雨。耶稣说，盗贼的来意无非是偷窃、杀害和破坏，但是他（耶稣）的来意是让我们拥有生命——一个丰富多彩的生命。

转移视线

我十岁左右时的自杀企图因为我的视线转变而终止，我不再全神贯注地盯着自己的绝望，而是转念想到如果我结束了自己的生命，那么会给我的家人和其他爱我的人造成怎样的感情伤痛。当我的视线从我自己转移到我最在乎的人身上时，我就被带离了自我毁灭的道路，并被送至信念之旅。你的所作所为会对其他人产生影响。想想看吧，你自我毁灭的行为很可能会伤害到那些爱你的人、尊敬你的人和依赖你的人。

达伦给我们的网站写信，说他在不到一年的时间里失业和失恋，而且经历了财务危机。自杀的念头日日夜夜烦扰着他。在看过我的视频和想到他的孩子们后，他击退了自我毁灭的消极想法。

“我难以想象我的孩子们在没有我的环境下成长。”他写道。他明白了，每一个人的人生道路上都会有绊脚石，“而你所要做的一切就是爬起来，掸掉身上的尘土，相信人生是美好的，并继续走下去”。

此刻你或许感觉没有人关心你。我只想说，创造你的那个人带你走到今时今日，他非常在乎这段历程。难道你不想看看这条路剩下的部分会通向哪里吗？你可能没有坚强的精神后盾，你可能认为自己不是一名基督徒，但是只要你还活着，还在呼吸，更美好的生活就有可能在前方等着你。只要这种可能性存在，你就能够在坚持这种信念的同时，一步一步地从这里走出去。

你担心我在给你错误的希望吗？想想看，我正在没有四肢可用的情况下写我的这第二本书！再想想看，现在写这本书的人在十八年前还曾经想要结束自己的生命，然而，今天我却幸运得不可思议，是一个环游世界给数百万人演讲的二十九岁男人，一个被爱包围着的男人。

你是被爱的

上帝看得到他所有孩子的美丽和价值。他的爱是我们存在于世上的理由，这是你永远都不应该忘记的事。你能够从伤害、孤独和恐惧中全身而退，你是被爱的，你是为某种目标而被特意创造出来的，而且随着时间的推移，那个目标就会展现在你面前。你要知道，在你感觉力所不及的地方，上帝会赐予你力量。你所要做的一切就是寓信念于行动，即走出去接触那些爱你的人和想要帮助你的人，而最重要的，就是要靠近你的造物主，让他进入你的人生。

打消自我毁灭的念头，关掉它们的阀门，用积极的信息或祈祷取而代之。放下痛苦、愤怒和伤害，让上帝的爱进入你心里。精神王国是非常真实的。《圣经》说，当你祈祷的时候，天使就会从天堂来到凡间，帮助我们抵抗象征黑暗的诸侯国。它们是撒旦的军队，想要用谎言和那些消极的耳边风欺骗你、毁掉你。你没必要害怕，因为上帝听得到你的祈祷，而且没有人的名字比耶稣的名字更强大。

有些人可能会让你失望，甚至似乎还有些人想伤害你，而上帝不会。他已经为你拟订了计划，那被称作救赎。而且相信我，你应该坚持下去，看看上帝在这个世界上和永恒的天堂里为你贮备了什么，你会觉得一切都值得。

我发现很多存在自我毁灭想法的人身上都有一个问题，那就是他们不相信我们的上帝是一个仁爱的上帝。在某些情况下，他们把上帝看成一个报复心极强的独裁者，随时打击每一个不遵从他的戒条的人。如果他们犯了错误或者人生发生缺憾——无论那缺憾是什么——

他们就会感觉自己再也不配得到上帝的爱。那不是真的！我们仁爱的天父永远都愿意原谅你。

吉尼写信告诉我，她感觉不到上帝的眷顾，所以想自杀。她不是唯一一个有这种想法的人，特别是在韩国。那个国家尽管经济蒸蒸日上，但是在过去十年里，自杀率却翻了一倍，是所有工业化国家中自杀率最高的。

据新闻报道，自杀是韩国二十岁到四十岁年龄段人的第一大死因，而且是所有国民的第四大死因，排在癌症、中风和心脏病之后。通过互联网组织起来的集体自杀事件越来越多。最近有报道称，每天有三十五个韩国人结束自己的生命。在一名人气很旺的女演员自杀后，韩国掀起了一波“同情式自杀”的浪潮，其间单是2008年11月这一个月内，就有一千七百人自杀。尔后又发生了尽人皆知的韩国前总统自杀事件，他在留下一张写着他不能“理解人生道路上数之不尽的痛苦”的字条后，从一个悬崖上跳了下去。

韩国人经常在私人谈话中聊起学习和工作压力，但公开承认却无论如何都为社会所不容。求助于心理咨询师也被看作丢人的事，那等于承认自己存在人格上的缺陷。

由于韩国、日本和印度的自杀率很高，所以我经常在这些国家讲起我曾经有过的自杀冲动。我在这些地方演讲的时候，经常有人对我说，他们感觉孤独和无助。他们似乎不理解上帝的宽恕和仁爱之心。吉尼写道：“我的人生艰难坎坷。我相信上帝对其他人是可靠、善良和包容的，但对我不是。所以我想过很多次自杀。”吉尼还补充道，她“不管尝试什么办法，都总是失败（指自杀）。我认为上帝不关心我，认为他对我苛刻、冷酷而且严厉”。

《圣经》一遍遍重复着说，我们要敬畏上帝，那意思并不是说我们应该在恐惧心理下卑躬屈膝或者躲避他的雷霆之怒。相反，那是要让我们在承认上帝的伟大的同时，对他表示出尊敬和服从。《圣经》还说“上帝即爱”。我们永远都不应该忘记，正是因为上帝爱我们至深，他才派了他的儿子从天堂下来，死在十字架上。

上帝在等待你让他治愈的那一天。他不一定要治愈你的身体，他只要治愈你的心灵。他会给你安宁、爱和快乐。他听得到你的祈祷，所以你要坚持祈祷。记住，上帝可能不会按照你所希望的方式或者你所希望的时间对你的祈祷予以回答，但是他的仁慈一直都绰绰有余。

当你的人生中有些事情不尽如人意，那么你要坚持祈祷。问问上帝他想让你做什么，让他治愈你的内心。他明白你我都不是十全十美。我们是改进中的作品，但是我们应该让上帝的力量在我们的内心得以施展。

你的安宁会伴随着上帝的宽恕和爱而来。有人对你说过你不配得到他的爱吗？我首先要给你的建议是，换一个角度看问题！让你的天父向你展示他的善良和爱。如果有用的话，那么你可以从我的故事中吸取力量；同时也要知道，如果你有耐心，那么你就会从绝望中挣脱出来，并且找到希望。

你可能难以理解，上帝是如何做到爱你的。在《圣经》中，乔布在经历他所有的考验和痛苦时也有同样的问题，他说：“我去东边，他不在那儿；我去西边，我找不到他。当他在北边做事，我看不到他；当他转去南边，我连他的影子都看不见。”

但是乔布后来明白了，上帝对我们的爱一直在那里。在接受了他看不见上帝的事实之后，乔布说：“但是他知道我所行的道路。在他考验过我之后，我会如真金般闪光。”

不管你在过去做了什么，不管你受了什么样的伤害，上帝都会用他的爱治愈你，只要你肯接受他。吉尼最终明白了这个道理，因为她已不再把上帝看作可怕的人。在读过我的第一本书《人生不设限》后，她感谢我帮助她做到了这一点。我很高兴自己也是治愈她的灵药之一，但我没想到的是，她说我带给她的启发之一就是我能够自嘲地笑谈我的境遇和我自己。

她能够在我的故事中感觉到上帝的幽默感。“因为上帝会让我笑出来，所以我能靠他更近。”她写道，“现在我又恢复了安宁，即使什么都没有改变，我的精神也是安宁的。”

像吉尼一样信任上帝，这样即使你的难题还在，你的精神和心灵也会在这段时期享有安宁。再说一遍，只要循序渐进，每一天都迈出一步，你就一定会克服这些挑战。

你不是孤身一人

小时候我在想要自杀的那段日子里，错误地沉溺于危险的想法中不能自拔。我绝望，我生上帝的气，我感觉不可能有人理解我的痛苦。因为我没有进行清晰的思考，所以我一直摆脱不掉消极的想法，而由此便会导致自杀等悲剧的发生。

当然，我不是孤身一人，我身边有爱我的人，而且当我真的尝试结束自己生命的时候，我对他们的爱阻止了我。想到由此将会给他们造成的伤害和负疚感，我就无比难受。

父母亲是直到五年前才知道我真的尝试过自杀的，不过当年他们在得知我那些自我毁灭想法的第一时间就介入了。那次我在浴缸里把脸埋到水下面，后来又中途放弃的第二晚，我对弟弟亚伦说，我可能会在二十一岁的时候自杀，因为到时我不想再成为父母亲的包袱。他马上去告诉了父亲，而父亲很明智，没有什么过激的反应，相反，他对我说，我是被爱的，而且他和我母亲永远都不会认为我是个包袱。

随着时间的推移，笼罩我的绝望被彻底清除。我仍然会有情绪低落期和偶尔的歇斯底里，但是自杀的念头却再也没有出现过。现在我有了佳苗，我想都不愿想失去和她在一起的时间，哪怕是一秒钟。但就像我在许多事情上都很幸运一样，我此生有幸拥有许许多多的爱。在那些存在自杀或者自残想法的人中，有许多都没有家人和朋友在他们身边提供支持，或者干脆就没有家人和朋友。

如果你身处那样的境地，请记住你不是孤身一人。所有人都不是孤身一人。上帝，也就是你的造物主，在所有爱你的人中永远都站在第一位。我鼓励你向他祈祷和寻求帮助。你可以和你的精神向导对话，无论那个人是你的基督教牧师、天主教牧师、新教牧师、犹太教牧师，还是任何一个致力于为存在精神和感情需求的人提供帮助的人。你不应该独自应对那些绝望或危险的想法，如果你没有朋友或家人来分担你的负累，你可以通过你的教会、医生、当地的医院或学校，或者精神健康机构来寻找帮助。

另外在网络上也可以找到许多提供心理咨询和预防自杀的资源。哈尔就用这种方式找到了我，而我也很高兴他这么做。就像曾经的我和许多其他陷于绝望以及打算自杀的人一样，哈尔也把自己封闭了起来。他后来为此很懊悔。“那时候我对所有人都闭口不谈，现在想来真是大错特错。”他在电邮中写道，“假如当时我有信任的人作为我的诉苦对象，我可能就会有勇气寻求帮助，而不是为了一个暂时性的问题就慢慢倾向于‘一了百了’的解决办法。”

这是很重要的一点。你的痛苦和绝望不会持续下去，你只需要看看我的人生，就会发现情况有可能骤然间好转。如果你感觉自己经历了一段最糟糕的人生，难道你不想坚持到最美好的那一段吗？我还是个小男孩儿的时候，想不到有精彩的经历和深情的人在等着我。上帝为你准备的最好的那部分也在等着你。

幸运的是，哈尔的沉着冷静一时间抵住了他的自杀念头。他开始上网，网络世界可好可坏，而是好是坏则取决于你浏览的对象。哈尔一上去就看到了一封母亲发来的电邮，她感觉到哈尔需要鼓励。（好样的，哈尔妈妈！）他给我发的电邮标题就是简简单单的一个“哇”。

哈尔在信中说，那天他看到我的视频的时候，眼泪就止不住地往下流。然后他问了自己一系列的问题，并得出了一个结论。这个结论应该不只挽救了他的生命，而且肯定和完善了他的人生。

“我以前怎么能那么自私？我怎么能认为自杀是唯一的解决办法？我有一个充满温情的家，丰衣足食；我考入了一所大学，得到了别人梦寐以求的教育机会。我谈过恋爱，见到过很多美好的事物……而我却要让自己忘掉这些。力克对我的帮助正在于此。他提醒了我，生命是一种恩赐、一种殊荣，而不是一种权利。”

我非常喜欢哈尔最后写的：“我从来都不是一个很虔诚的人，但我确实相信奇迹。我能活下来，全靠它们。”

我每次讲起这个故事都会哽咽，就连现在写到这个故事的时候也是如此，因为哈尔的电邮因我的一个视频而起。想想看：我也曾一度处于哈尔的状态。如果我实施了自杀计划，那么就再也拍不出那段能够帮助他走出绝望的视频！

现在你看，哈尔能够以同样的方式很好地帮助其他人。单单是在这本书里读到他的故事就能让许多人受益。所以现在他的人生比他曾经梦想的还要有意义。同样的道理对你也适用！你想象不到上帝为你安排了什么。如果你曾经有过自杀或自残的冲动，就请参照我和哈尔的做法。你要寓信念于行动，把你的人生交付给上帝。我经常从《诗篇》第九十一章中汲取力量："如果你以至高者自居——甚至被我视为庇护所的主，那么就没有什么能伤到你。"

援手

哈尔再一次让我想起，如果你还没有得到你所祈祷的奇迹，那么最好让自己成为别人的奇迹！如果你已经克服了自我毁灭的冲动，那么我鼓励你向其他可能需要帮助解决类似难题的人伸出援手。

或许你已经感觉到你认识的某个人正处于绝望中，那可能是一个家人、朋友或者同事。你能够做的最有意义的事就是向他们伸出援手，这样他们就会知道有人关心自己。引发自我毁灭想法的最常见因素就是感情破裂、财务问题、重大疾患、失业或者考试不及格这样的个人挫折，不幸发生意外或遭遇军事战争这样的惨痛经历，或者失去心爱的人甚或一只宠物等伤心的事。

在《圣经》中，保罗说，他相信我们的苦难和在经历这些苦难后看到的美好或荣耀相比简直不值一提。只要能听到另一个人说"如果力克能够做到，我就也能做到"，那么身体残疾带给我的一切挑战就都是值得的。我们能够成为彼此的恩赐甚至奇迹，生存本身就证明了希望永在。

尽管你永远都不可能知道另一个人心里在想什么，但是如果你觉察到某个人可能正濒临自我伤害的边缘，那么有一些危险信号需要留意。如果你注意到自己的朋友有以下举动，那么我强烈建议你，只要有时间就陪在他身边，应其所需。

据专家们所说，以下举动暗示人们处于深度绝望或沮丧中，并可能将其引向自残或自杀的想法：

- 饮食和睡眠习惯发生反常变化
- 避开朋友、家人和日常活动
- 吸毒或饮酒过量
- 不同寻常地忽略个人形象
- 显著的性格变化
- 持续烦闷，很难集中注意力，或在学校成绩下降
- 不断抱怨身体不适，一般是和心情有关，比如胃痛、头痛、疲劳
- 对最喜欢的活动失去兴趣
- 对称赞或奖励反应偏激
- 赠送或丢弃最心爱的财产或物品
- 在情绪低落一段时期后突然变得开心起来

或许还有其他暗示性行为。当然，这些都不是万无一失的证据，但如果你认识的某个人刚刚有过一段惨痛经历，那么当他不断冒出“活着真没劲”“这个世界讨厌我”“我是个失败者”或“我再也承受不了了”这种消极的话时，你就要格外警惕。

真正的朋友

心情压抑的人一般不愿意谈起他们的事。所以不要强人所难，而

是要保持你们的交流渠道畅通，并且不要给出建议或评价。你只要在那里陪着他们，和他们出去散心，让他们知道你在乎他们，就能够发挥作用，你不必解决他们的问题。事实上，除非你是一位精神健康专家，否则就没有能力解决他们的问题。

凯特给我发了一封电邮，感谢我在一次演讲活动上帮助了她最好的朋友。而让我不能忘怀的是她支持朋友的方式，她一直都在那个朋友的身边陪她，哪怕这并不是件容易的事。她说，她这位多年的老朋友在她们升入中学的时候就“开始不对劲儿”，后来被诊断为忧郁症，有自残的举动，而且还丢掉了信念。

“最不好过的是我对这些一点儿都不理解。”凯特写道。

朋友和家人常常不能理解，为什么那些心情压抑的人会如此受伤。原因可能无从知晓，那些自我伤害的人可能自己心里也不知道是为什么。也可能是那种创伤巨大到无法对人倾诉。让我特别有感触的是，虽然凯特不理解她朋友的行为和情绪，但她还是坚守着对她的忠诚，哪怕是在她朋友把她推开的时候。

“在这整个期间，我都在尽我最大的努力帮助她从抑郁中走出来。但由于我是一个生活极尽充实而十分幸福的人，所以她就不想再和我一起玩；不过我并没有放弃尝试。”凯特写道，“那年她尝试自杀过两次，她认为这个世上没有什么让她活下去的理由，这一点让我非常心痛。”

在那位朋友第二次尝试自杀的一个月后，我正好去他们学校演讲。

“我坐在她旁边，发现她的视线自始至终都没有从你身上移开。你一定是说到了她的心坎儿上，因为在你讲话的时候，她露出了一个真心的微笑，这么久以来这还是第一次呢。”凯特在电邮里告诉我，

“结束之后，她坚持要见到你并且要拥抱你，她也确实这么做了。那晚你离开后，她说你已经开始帮她恢复对上帝的信念了。”

凯特补充说，这标志着她的朋友开始从绝望和自残中回归自我。她写信来感谢我“把我最好的朋友还给了我”，但说实话，是凯特对朋友的忠诚和奉献让她们的友谊有了复原的机会。

有时候，要支持一个处于绝望或抑郁中的朋友或深爱的人，并不是件容易的事。你的忠诚会经受考验。你可能会感觉自己被伤害、被轻视或者被抛弃了。我绝不建议你任由自己被人欺凌。如果发生了这样的事，你要和对方保持一个安全的距离，但同时也要尽你所能地提供帮助。也就是说，你只须守护着那些伤心的人，在他们想要倾诉烦恼的时候耐心聆听，让他们想起还有其他人关心他们，由此让他们相信他们是被爱和被珍惜的。

如果你觉察到某人的问题超出了你能解决的范围，你就应该找一位心理辅导员、一位你信任的神职人员、一位医学或精神健康专家，诸如此类，让他或她建议你该做什么。

大多数社团组织都有精神健康和防自杀热线供人们打电话寻求建议，而且网上也有许多渠道，比如“全国预防自杀生命线”（www.suicidepreventionlifeline.org）和“安全的供选方案”（www.selfinjury.com）。你可以通过网络搜索“精神健康咨询（mental health advice）”“自杀（suicide）”“自残（self-harm）”“心理咨询服务（psychiatric counseling services）”这些关键词来找到它们。

伸出援手

虽然我强烈建议你在想方设法帮助某个存在自残危险的人时向专业人士和专家征询建议，但如果那个人想要和你交谈，那么请不要错过伸出援手的机会。不久前我在一个教堂演讲之后，心里唯一想做的就是回家。我又累又饿，而且外面冷得刺骨。我们往车那边走的时候，突然看见一个年轻姑娘在寒冷中坐着。她低着头，貌似正在哭泣。虽然我强烈地渴望食物、温暖和休息，但是上帝触碰了我的心，让我到了那个姑娘身边。

纳塔利深陷在自杀的想法中不能自拔。她只有十四岁，是从家里跑出来的，而且就靠搭车四处漂泊。一个陌生人把她丢在了教堂外面。或许只是一种巧合，我刚好在那里演讲，也或者是上帝又一次在向我说明许多年前他不许我结束生命的原因。

纳塔利向我倾诉了她的全部心事。她感觉自己的生命没有意义，她心乱如麻，告诉我她打算就在那个晚上自杀。我没有评价她的想法，也没有尝试解决她的问题，而是把我自己在童年时期感觉沮丧和痛苦的故事讲给她听。我告诉她，在我把生命交付给基督之后，他就随着时间的推移逐步揭晓了我的人生道路和目标。我告诉她，我曾经有过和她完全一样的感受，但如今我的人生已经发生了彻头彻尾的变化。

我的话打动了她。纳塔利说，她特别需要有个人和她说话，理解她所经历的一切，但不会评价或谴责她。我对她说，有一些办法可以把她的悲伤变成快乐，就像我曾经做过的那样。我和她一起祈祷。牧师和教堂的员工给她提供了建议，而且资助她回到了父母身边，开始她更美好的人生。

如今纳塔利再也没有自残或者自杀的冲动了。我们在我名为“传递火炬”的视频中讲述了她的故事，并把这个视频放在了LWL网站上。你可以想象，我有多么庆幸那一晚没有径直上汽车回家。上帝把纳塔利带到了我身边，让我能够寓信念于行动，并且鼓励她也这样做。如果你遇到某个人并且一眼就能看出对方心情很抑郁，那么请想办法提供帮助，或把他带到能够提供帮助的人那里。你也能够成为某个人的奇迹，那是怎样的一种福佑哇！

我担心除了纳塔利之外，还有许多像她一样的人得不到帮助。迷惘的一代中有那么一群人，由于没有希望，也没有信念让他们付诸行动，所以就陷入了自残的危险境地。根据巴纳集团（Barna Group）的调查，每五个年轻的基督徒中，就有差不多三个人（59%）在十五岁之后便永久性地或者长期性地脱离教会生活。

我想为扭转这种潮流贡献一份力量。有了主的恩赐，我对于向有需要的年轻人伸出援手有着更大的热情。我又有了一项具有挑战性的使命，那就是让我们这一代人对我主耶稣充满热情，还有和人们分享我对我主耶稣的热情。我的目标是分享我的希望，并由此每天至少点燃一个人的热情，然后那个人就能够点燃另一个人的热情，如此一直传递下去，直到整个世界都被我主耶稣的光芒照亮。我把这称作“传递火炬”。

基督说：“你是世界上的光明……让你的光明闪耀在人类的面前，那样他们就可以看见你的善举，并且赞美你的天父。”我相信，只要我全心全意地去做，就有可能实现它，而且我希望你也永远不要错过为别人雪中送炭的机会。

也请你明白一点，有时候看上去可能很难搞定的人——比如对专家充满敌意和不容易接触的人——正是最需要你帮助的人。耶稣并不照顾那些富有的人和正直的人，而是寻找最可怜可恨的罪犯和最穷困潦倒的罪人，出手拯救他们的灵魂。当我在学校甚至在监狱里演讲的时候，有些人最开始看起来好像是宁可随便去个什么地方，也不愿意听这个外表怪异的家伙大谈特谈上帝，而对我的讲话予以最热烈回应的往往正是这些人。

十几岁的吉娜看起来像是一个不想被帮助的人，尽管她特别需要帮助。吉娜给我写了一封感人肺腑的电邮，讲述了她的故事，描述了她充满辱骂和冲突的童年。“我冰冷的心被一堵墙包围起来，所有的东西都被封在了里面。”她写道。她在十二岁的时候就开始以利器和硬物伤害自己。

“撒旦在我的耳边低语，告诉我，疼痛是唯一真实的东西。我真的相信了，而且试图用一种我自以为能够控制的疼痛来扼杀内心的疼痛。”她写道，“我有四次尝试自杀，但都失败了。我猜是上帝还没打算让我那么容易就得到解脱。”

虽然吉娜看法偏激而且情绪不对，但她还是坚持留在教会的青年组织里。事实证明这是不幸中的万幸，因为我就是通过那个渠道才得以接触她——我受邀为那个教会演讲。

“当你开始演讲的时候，我好像是在听，但又不想让自己听进去。那简直是不可能的。”她写道，“所有其他的东西都褪色了，只有你在那里，对我说上帝爱我，对我说我有一个目标，对我说天生我材必有用，对我说我是美丽的。”

我那天讲的内容和我以前讲的基本上大同小异，非常简单，直接用了《圣经》的内容，但是这个十五岁的女孩儿却听进了心里。

“当你说，如果你的内心是破损的，那么不管你的外表有多么完美，都没有任何意义时，我的那堵墙开始剥落了。”吉娜写道，“那之后，你说的每一句话都从墙上敲下一块砖来，直到最后，我坐在那里，消除了所有的防备，泪水从脸上奔流而下，于是我脱胎换骨了。当我祈祷的时候，我身上的锁链掉落了，我感觉到了自由。”

吉娜说，我那些简单的话给了她希望。

“突然间，我能够做到了；我能够活下去了；我有了一个理由，因为我是特别的……可能那在你的人生中只不过是另一天而已，但对我来说，这另一天是我没有放弃的一天，而且更重要的是，是长久以来我第一次打心眼儿里不愿意放弃的一天。”她写道，“你触动了我，不是用你的手触到了我的手，而是用你的心触到了我的心，还有我爸爸的爱也触到了我的心。我的爸爸，是一个从来都不会伤害我，也不会让我痛苦的人。不管我有多少缺点和毛病，只要我还是我，爸爸都会爱我。”

吉娜是一个现实主义者，有过许多非常艰难的经历，但是我很欣慰，她现在内心充满希望，正在循序渐进地寓信念于行动。

“我无论如何也抹不去人生中的败笔，但从此却开始朝着正确的方向前进。”她写道，“日复一日地，我希望自己能够像你一样，以我自己的故事为证，向痛苦的人们伸出援手，让他们知道，他们不是孤身一人，他们有自己的目标，他们是被爱的。你传递给我的是最最重要的东西——希望。”

如果你也像吉娜一样痛苦，请把她的话记在心里，并且把你的信念付诸行动。如果你知道有人情绪低落，正在自我毁灭的想法中挣扎，那么请向他们伸出援手。即便我那种简单的话，都能够给他们希望，让他们去憧憬更美好的生活，而且上帝的一个孩子的生命可能会因你而获救。

你可能会发现下面这些渠道对你自己或对他人有所助益：

·“未满二十一岁的孩子”（KUTO；www.kuto.org）是一个青少年为青少年提供帮助的平台。KUTO提供危机预防和自杀干预方面的服务，还通过意识教育和外展服务向社区居民提供支持。

·“美国全国预防自杀生命线”[1-800-273-TALK (1-800-273-8255)www.suicidepreventionlifeline.org]是一个提供自杀预防服务的二十四小时免费热线。拨打电话的人会被转接给他们所在地的危机援助中心。全美国共有这类中心一百三十多个，职责就是在第一时间向寻求精神健康服务的人提供帮助。你可以为你自己或者你关心的人打进电话，免费而且保密。

·“青少年在线”[1-310-855-HOPE（1-310-855-4673）或1-800-TLC-TEEN（1-800-852-8336）；发短信“TEEN”至839863；www.teenlineonline.org]通过保密的同龄人热线和社区外展项目帮助青少年解决他们的问题。每晚六点至十点（太平洋标准时间）开放。

·“你的生命线”（www.ulifeline.org）是一家匿名保密的在线咨询中心，以寻求精神健康和自杀预防方面信息的大学生为服务对象。

·“危急援助链”[1-703-527-4077；1-800-237-TALK(1-800-237-825)，全国预防自杀生命线；1-800-SUICIDE(1-800-784-2433)；www.crisislink.org]为挽救生命和预防悲剧而创建。内容包括为面临生存危机和心理创伤的个人提供援助，并且提供信息、教育和社区援助平台的链接，让人们有能力帮助自己。

永不止步

第七章 伸张正义

UNSTOPPABLE:
The Incredible Power of Faith in Action

拜访我的朋友丹尼尔·马丁内斯是我人生中的一大乐事。在《人生不设限》中我写过，2008年克里斯和芭迪·马丁内斯带着他们十九个月大的儿子来一个教堂听我演讲。虽然他们坐在教堂里很靠后的位子上，但是克里斯把小丹尼尔举在了空中，因此我能够看到这个宝贝男孩儿一出生就像我一样，没有胳膊也没有腿。

那时候，丹尼尔是我见到的第一个和我一模一样的人。话说在那感动的一瞬间，我马上就感觉到一条纽带把自己和马丁内斯一家人连接了起来。我等不及要私下里见见他们，鼓励他们并分享我的经历。几天后，当我的父母从澳大利亚过来的时候，我感觉喜上加喜，他们也很快和丹尼尔、克里斯和芭迪亲密了起来。

自那以后，我们就一直保持联络。事实证明，丹尼尔甚至比儿时的我还要英勇无畏和喜欢冒险。虽然我从小到大都不曾有过一个行为榜样，但是上帝让我出现在丹尼尔的人生中做了他的行为榜样，每当我们在一起的时候，我都感觉很幸福。所以你能够想象，在几个月前马丁内斯告诉我，现在已经是一年级学生的丹尼尔由于受到同学们的欺凌而闷闷不乐时，我有多么担心。

这个让人难过的消息给了我沉重的打击，而且击中了我的内心。无论我到了世界上的哪个地方——中国、智利、澳大利亚、印度、巴西、加拿大，都会有年轻人给我讲他们在学校里、在操场上或在公车里被欺凌、被嘲弄和被骚扰的故事，如今又有越来越多的人在网上给我讲述这些。我几乎每天都听到一则新的消息，说某个地方的某个年轻人在不断被欺凌后选择了自杀或者以暴制暴。

当我给学校社团演讲的时候，经常有人要我站出来反对恃强凌弱的行为和号召终止这种行为。当然，这件事跟我个人也密切相关。我早在刚入学时，就成了这种行为的攻击目标。到了上初中的时候，我有了许多朋友，但即便如此，那些伤人的恶言恶语和卑鄙的作弄手段也没有停止。

有一段被嘲讽的经历特别伤人。在我十三岁的时候，一个名叫安德鲁的大孩子每次看见我都冲我喊出一些非常粗鄙的话。我实在找不到委婉的方法来形容他对我说的那些字眼。日复一日地，他总会走在我旁边大声喊：“力克没有……”

那是典型的男人之间互相使用的粗话。如果他只说那么一次，我本来可以一笑了之，但是这个家伙无休无止。没有了四肢已经够糟糕了，如今还有这个可恨又可气的大家伙诽谤我存在男性缺陷，而我那个年纪偏偏正是年轻小伙子对这种事敏感的时候。糟糕的是有时候他的几个朋友也跟着一道起哄，这让我感觉更不舒服。别的孩子大多什么都不做，但那也让我心生怨愤。你以为有人会出面让这个傻瓜闭嘴，但没有，所以我就更加伤心和生气。

无论何时你都不应该因为有人侮辱你而自惭形秽，但是我知道说起来容易，做起来难。即便你知道那些话不是真的，只是为了给你添堵，但它还是很伤人。尤其是当你一次次在同学和朋友的面前被那样欺凌的时候，他们却袖手旁观。

我总是告诉人们，我虽然没有胳膊，但不是不会伤人。在小学的时候，有一个欺凌人的家伙把我逼急了，于是我用自己的前额把他的鼻子砸得鲜血直流。那个人比我高大一些，而高中遇到的这个欺凌人的家伙比我高大得不是一星半点儿。（顺便说一句，安德鲁不是他的真名，所以澳大利亚的朋友们没必要费心去人肉搜索他。）

回想当时，我并没有意识到恃强凌弱的行为有多么普遍，多么严重。我只知道，每天不止一次地听到安德鲁那些嘲讽的话让我五内纠结、形神俱损。在这种口头谩骂持续了大约两个星期后，安德鲁和他那些侮辱性的语言成了我每天早上醒来时想到的第一件事。我害怕上学，我感觉出自己在逃避他，结果上课总是迟到。我有一半的时间都处于思维混乱中，要么担心碰上安德鲁，要么为他刚刚在走廊冲我喊出的恶言恶语而生气和伤心。

有些年龄稍大的朋友主动提出要揍他一顿，但我并不想伤害那个粗鲁的家伙，我只是想让他闭嘴。最后我决定去面对他。有一天，当安德鲁在走廊里又一次喊出他惯用的那些侮辱性语言并且将我置于难堪的境地后，我从愤怒和恐惧中抽取了能量并借着那股力量把轮椅径直开到了他面前。

近距离看，安德鲁甚至比平常还要高大魁梧。我多希望我的轮椅上装了冲击夯，哪怕是一支喷水枪也好——这愿望以前也冒出过几次。然而看得出来，他为我的勇敢举动吃了一惊。

“你为什么要那么做？”我问。

“做什么？”他回答道。

“你为什么要嘲讽我，说那些话？”我问。

“让你不高兴了吗？”

“是的，每次你那么说都是对我的伤害。”

“我没想到会这样，伙计。我只是开个玩笑，对不起。”

他的道歉看起来是真心的，所以我接受了，我们还握了握手。

只是开玩笑！

事实上我的确说了一句“我原谅你”，那似乎让他很诧异。

他再也没有来骚扰我。我很确定安德鲁并没有认为自己是个恃强凌弱的人。恃强凌弱者往往都不这样认为，他们认为自己只是在开玩笑，或是在取笑人，或是想制造笑料。有时候人们认识不到自己的话会伤害别人，但是当他们的话的确伤人的时候，他们就需要停止或者被制止。

有些人不太懂得该如何和残疾人沟通，而安德鲁可能只是他们中的一个。他或许试图通过取笑的方式在他那样的正常人和我这样的异常人之间架起一座沟通的桥梁。不管理由是什么，安德鲁那些不假思索的话都伤害了我，而且破坏了我在学校的生活。

当丹尼尔的父母告诉我他在小学里被人欺凌的事时，我过去的那些感觉又回来了，就像是一道开裂的旧伤一样让我疼痛起来。他和我那么相像，不只是身体上，还有气质上。丹尼尔是一个风趣又讨人喜欢的小家伙，而我知道被欺凌这件事会偷走他的快乐，引发他的不安，就像我曾经经历的那样。

所以我主动要求来到他的学校，和学生们谈起恃强凌弱的危险性和残酷性。校领导们围绕这个话题召开了会议。他们让我给从幼儿园到五年级的所有班级讲话，学校的全体员工都说他们会尽其所能地提供帮助，这让我很欣慰。他们让丹尼尔给所有的学生讲他能够做到的事和不能够做到的事，讲他如何完成某些动作，讲他没有四肢的人生是怎样的。

“丹尼尔日”好比是一个大灌篮。我让他学校里的每一个人都清楚地看到，我是丹尼尔的好朋友和最大的支持者，如果有任何人再欺凌他，我都会把那些事看成我个人的事。我告诉他们要酷，但是不要残酷。此外，我从自己的观点和全球的角度讲到了恃强凌弱的危险性和残酷性，还讲起了恃强凌弱给受害者带来的影响，以及分辨出某人正遭遇此类恶行的方法。我鼓励所有的学生都通过语言和实际行动，在他们的集体里制止恃强凌弱的行为。

全球性的问题

我个人被欺凌的经历并未止于童年时期。就在最近，我和朋友一起去旅行，当我们在酒店里高兴地游泳的时候，一个显然喝醉了的家伙大声辱骂我。人们普遍认为恃强凌弱只是存在于小孩子间的问题，这纯属误解。例如女警官被她的男同事嘲讽、威逼和孤立，例如某位老先生每天都担心有十几岁的孩子在他的公寓大楼搞破坏，例如某个青少年的Facebook主页遭受污言秽语的攻击。

恃强凌弱的形式多种多样，从辱骂、作弄和制造流言蜚语到进行人身攻击和在网上攻击，包括利用互联网、社交网络、短信和手机来骚扰和威胁其他人。许多研究报告表明，25%到40%的年轻人都在学校里被人欺凌过。美国国家教育协会在2011年的一份报告中说，几乎所有的学生在高中毕业之前都曾经或多或少地受过欺凌。那份报告还补充道，恃强凌弱的行为会导致学术、社会、情感、生理和精神健康问题。

克里·肯尼迪是罗伯特·肯尼迪司法和人权中心（Robert F.

Kennedy Center for Justice and Human Rights）的总裁，他把恃强凌弱描述为摧残人权的一种形式。2010年，美国教育部召开了第一届由联邦政府主办的峰会，主题就是学校里的恃强凌弱现象。

如今恃强凌弱已经不再是小孩子的事。所有人在儿时都经历过一定形式的骚扰和威逼。然而最近这几十年里，发生在学校操场上的那些嘲讽与戏弄已经一路升级，演变为面对面的、网络上的和通过手机的更加严重的精神、生理和情感摧残。世界卫生组织把恃强凌弱称为发生在学校里、职场上和全社会的“一种主要的公共健康问题”，是少数族群和男女同性恋者所频繁遭遇的。

职场上的恃强凌弱在普遍性和危害性方面与学校里发生的那些如出一辙。能够归为此类的行为包括言语和人身威逼、散播流言、孤立、窃取劳动成果、栽赃陷害，还有老板利用职权要求你做岗位职责以外的事情。职场欺凌学会（Workplace Bullying Institute）所做的一项研究表明，37%的美国人都曾在职场中被欺凌，其中40%的人从来不向雇主汇报自己的这些遭遇。在那些被欺凌的人中，将近半数的人存在由压力引发的健康问题，包括焦虑发作和临床抑郁症。

许多研究表明，遭受过欺凌和见证过欺凌的人很有可能会发展为自我隔离、酗酒吸毒、经受健康问题和精神压抑，以及自我摧残。如今还看到越来越多的报道称，恃强凌弱的受害者进行暴力反击，结果误伤或误杀了无辜者云云。

通常来说，芬兰是一个和平的国家，但在2007年，那里却发生了骇人听闻的事件——一个十八岁的学生在他的学校里屠杀了八个人，其中包括班主任、学校的护士和六个学生。杀人凶手对着某些受害人开了二十枪之多，之后自杀了事。他带了五百发子弹到学校，本来还打算在学校大楼放一把火。警方的一项调查证实了他在学校里经常被人欺凌。在枪击事件前就被传到网上的一段视频中，可以看到他正在炫耀一把枪，以及一件写着“人性被高估了”的T恤。

就在几年前，加利福尼亚州有一个十五岁的青少年，用一把可以填装八发子弹的左轮手枪在桑塔纳高中的一个男卫生间里开了火，然后他转移到了学校的院子里。他这次枪击暴行结束后，有两人丧命，十三人受伤。枪击者名叫安迪·威廉姆斯，他身材矮小，之前在另一个州的学校和在这所新学校里都经常受人欺凌。然而他遭受攻击的地方并不仅限于他的学校。曾有人闯入他的家里，毁坏他的东西，偷走他的任天堂系统。他来到这个新的居住地后，滑板和鞋子都在一个滑板公园被偷走，而且就在枪击发生的两个星期前，威廉姆斯还被揍了一顿。

美国特勤局在2002年发布过一份报告，内容涉及该机构针对三十七宗学校枪击案所做的调查研究，而这些事件有71%将恃强凌弱定为一个要因。在几宗枪击事件中，袭击者曾经“长时间地和很严重地”被欺凌和被骚扰。在一些案例中，被欺凌似乎已经成了某个学生下定决心袭击他人的要因。

想到这些案例有85%都没有权威人物干预，你就会感觉问题很严重。研究还发现，和其他人相比，一个恃强凌弱者二十四岁前蹲监狱的概率是平常人的六倍，在成年时期犯下严重罪行的概率是平常人的五倍。专家称，今日校园的恃强凌弱往往会成为明日社会的弱肉强食。

儿时和成年后那些被人欺凌的经历让我感觉惊恐、压抑、焦虑、紧张和恶心。而可怕的是，和大多数案例相比，我的这些简直是小巫见大巫。我的电子邮箱和网页每天都有关于恃强凌弱的内容涌入，这让人忧心忡忡。另外还有很多这类故事是人们在来听我演讲的时候直接讲给我听的，或者是有人在旅途中跟我聊天的时候说起的。

那次我刚刚给位于加利福尼亚州北岭的圣费尔南多学院里的一大群学生作完演讲，主题恰好就是恃强凌弱。正当我往外走的时候，一个头发灰白并且留着山羊胡子的大块头突然靠近了我。

“力克，你介意我和你聊一会儿吗？”他说，同时他自报姓名为杰夫·拉萨特。

他的眼睛里有那么多的忧伤，于是我让他给了我一个拥抱。

他在感谢我鼓励孩子们停止戏弄和欺凌别人的时候，双眼盈满了泪水。我以为那就是他要说的全部，但是接下来他告诉我，他的儿子耶利米由于在学校里不断被人欺凌，所以在2008年结束了自己的生命。

他的悲惨故事恰好说明了恃强凌弱能够带来巨大的危害，还有被欺凌的那个人——无论你的年纪与块头怎样——有多么压抑和受伤。耶利米看起来并不像一个容易被欺凌的对象。十四岁的时候他的身高就已经近两米，重一百二十多千克，在一所共有六百名学生的高中读一年级，并进入了学校的美式足球后备队，是进攻线的球员之一。

然而实情是，恃强凌弱者专挑人的软肋下手，而所有人都有软肋。恃强凌弱者懂得如何才能一击得中。有时候他们攻击你的身体，但也能够折磨受害者的精神和感情。

欺凌我的那些人之所以把我作为对象，通常是因为我的身体与众不同。他们取笑我没有四肢或是无法做到他们能做到的所有事。我很容易被当作靶子，但从某些角度来说，耶利米的块头和温和让他更容易被当作靶子。

欺凌耶利米的人选中了他的两条软肋。他因为学习障碍而有些跟不上趟儿，学校的功课对他来说尤其困难；另外他还不愿意利用自己的块头来吓退那些作弄他的人，原因是他在小学的时候曾经因为打架而留级。耶利米没有站起来反抗欺凌他的那些人，也没有向他的老师或者学校的主管寻求帮助，而是一味退缩，把愤怒都埋藏起来，越积越多。他的朋友把他叫作温和的巨人，又说耶利米虽然身材魁梧，却不愿意打架，这就使得某些人把他当作了一个大大的靶子，以此来证明他们不害怕这样一个大家伙。

一个朋友记得，有一天耶利米在教室里被惹急了，终于站起来说了一句："别烦我！"而当欺凌他的人意识到耶利米不会还手的时候，就变本加厉地作弄他。朋友们说他从上小学起就被人欺凌，而到了高中之后情况只是更加恶化而已。

耶利米的父亲说，2008年11月的一天，有人在排队取餐时朝耶利米扔红辣椒，另一个学生则试图把他的裤子扒下来。这个年轻的小伙子气得发疯，于是逃到了餐厅的洗手间，把自己锁在了一个马桶间里。然后他从背包中拿出一把手枪，打爆了自己的头。

没有人知道耶利米的感情痛苦。就像许多长期被人欺凌而心情压抑的人一样，这个年轻的小伙子没有向父母和朋友吐露过自己与日俱增的低落情绪。

"一年前他变得越来越沉默寡言，这让我很担忧。"耶利米的一位老师在他死后对一位记者说，"我宁愿看到孩子们有什么说什么。"

学校的管理者们说，实际上耶利米的功课成绩已经在提高，而且就在事情发生前的那个星期五，耶利米在足球队里踢了最漂亮的一场，让他感觉特别好。这正是你把某人当作攻击对象或者觉察到某人被欺凌时应该牢记的一点：你永远都不知道压倒骆驼的最后一根稻草会是什么。

逐步提高的成绩和在球场上的出色表现可能的确让耶利米感觉不错，而我们也可能永远都想不明白他为什么决定自杀。或许只要还有人欺凌他，那么哪怕在诸多方面都做得很出色，他也还是觉得恃强凌弱者永远都不会放过他。

类似的悲剧不止一个，其中包括纽约斯塔顿岛的阿曼达·卡明斯。2012年1月，十五岁的他口袋里揣着一张遗书，走到了一辆迎面而来的城市公交车前面，结束了自己的生命。警方发现她的同学一直在学校里和Facebook上欺凌她。一年前对该校展开的一项调查显示，那里80%的学生都曾经被欺凌或者被威胁过。

据媒体报道，阿曼达的一个朋友在Facebook上写道，她希望朋友的死让那些“使阿曼达觉得自己被世界背弃”的人不得安宁。

耶利米·拉萨特那所高中里另一个总是被人欺凌的学生的母亲在耶利米自杀后参加了一个烛光守夜活动，她对一名记者说：“只要没有人出手干预，那么恃强凌弱的现象就永无终止。”

恃强凌弱是人性的黑暗面，它存在于我们中间的时间必定和罪孽存在于人世的时间一样久。耶稣自己就是一个受害者，不断被他的敌人欺凌。当耶稣被捕时，亚那大祭司盘问有关他的门徒和教义的内容。耶稣说，他一贯都是公开宣讲，所以没有什么秘密。他说，亚那应该盘问那些听他讲述过自己的信仰的人。就在这时，另一个祭司扇了耶稣一个耳光，并且说：“这就是你回答大祭司问话的方式吗？”

我很高兴耶稣并没有因为这些宗教迫害者恃强凌弱而退缩，而是要求弄清楚那个祭司为什么打他。

“如果我说错了什么，那么请证明我错在哪里；但是如果我说得没错，你又为什么要打我？”耶稣回答道。

我相信耶稣是要借这个事例讲述一个道理，那就是所有人都不应该因为被欺凌或者被迫害而屈服。相反，我们应该寓信念于行动，反抗那些想恐吓和迫害我们的人，并且要求得到公正对待。

一次小小的作弄或者一个恶作剧可能就会成为最后一根稻草，彻底击垮你所认识的像阿曼达或耶利米那样默默承受痛苦的人。你想成为那个袖手旁观任其发生的人，还是想成为那个帮忙避免一场不必要悲剧的人？我建议你寓信念于行动，和其他人团结在一起，共同反抗恃强凌弱、以大欺小和有违社会公正的其他行为——如种族或性别歧视、宗教迫害和奴役人类。

杰夫·拉萨特告诉我，他决定尽他一切所能，和导致他儿子惨死的那种恃强凌弱行为做斗争。耶利米死后不久，他的父亲创建了名为“耶利米51项目”（www.jeremiah51.com）的非营利性组织，该组织如今已经成为恃强凌弱消灭战的主要力量。

这位父亲相信，恃强凌弱就像恶性肿瘤一样，制止它的唯一办法就是连根拔除。耶利米51项目（耶利米的球衣号码是51）致力于扫清校园内的恃强凌弱现象，而且是一次解决一所学校。学生或家长如果得知他们认识的某个学生被欺凌，那么就可以拨打该组织提供的免费电话号码（866-721-7385）——这个热线电话允许匿名举报，然后51项目的员工就会打电话给那所学校，要求在二十四小时之内展开一项调查，并且他们会跟进调查工作。

如果父母们尝试过提醒某所学校留意恃强凌弱的行为，但被学校无视，就可以拨打这个电话。同样地，51项目的员工会确保该校切实解决问题。该组织位于加利福尼亚州的温内特卡，它坚持倡议被举报存在恃强凌弱现象的学校制订一份教育规划，让员工、学生和家长警惕恃强凌弱的所有迹象。

耶利米51项目还启动了一个高年级对低年级的顾问计划，目的是让被欺凌的学生能够从同校的高年级学生那里得到支持和建议，而51项目这个非营利性组织则会作为他们的后盾。51项目承诺，一定要帮助学生和家长解决恃强凌弱的问题，哪怕要为此向当地的教育委员会投诉。

如果你从来没有被欺凌过，那你是幸运的。很少有人能够终其一生连一次“被捏的橡皮泥”（这是我们澳大利亚人对遭遇恃强凌弱者的叫法）都没当过。但是遭遇一个卑鄙的坏蛋和长期遭受恶语中伤或受到人身攻击是截然不同的。安德鲁对我的骚扰折磨和下流言语只是持续了两个星期，耶利米则默默忍受了相当长的时期。据他父亲说，这个小伙子尽管有块头、有力气，但还是承受了好几年的恶意骚扰和人身攻击。他不愿意反抗那些对手，又缺乏一群支持他的朋友，结果事情恶化了。

做一个善良的撒马利亚人

长期被欺凌的人很有可能变得孤僻、内向，自尊心会贬损，更倾向于逃避，而不是反抗。而现实中，少数族群以及存在身体和精神缺陷的人往往会成为受害者，持续不断地被欺凌、被孤立和被不公正地对待。

在我的少年时代，恃强凌弱还没有被当作一个严重的问题。很多人都以为它是生活的一部分，或每个人都要学会应对的事情，但如今全世界范围内的恃强凌弱现象都已经升级。人们因它而痛不欲生，生命也因它被彻底摧毁。

如果你认识的某个人可能正在被人欺凌，那么无论他是你的朋友、家人、同学还是同事，我都建议你多加留意，随时准备伸出援手。据专家所说，被欺凌的受害者普遍显露出以下迹象中的一种或几种：

- 越来越不愿意上学、上班或参加同龄人的活动
- 回家的时候拒绝谈论当天的活动
- 衣物破损、伤痕不明和东西被偷
- 要额外的钱带去学校
- 带武器去学校
- 离家前和回家时称头疼、胃不舒服和焦躁
- 称睡不着觉或者做噩梦
- 越来越不能集中精神
- 饮食习惯大变，食量变大或变小
- 和同龄人来往很少或不来往
- 以割伤、抓伤、揪头发或其他方式来伤害自己
- 看上去害怕离开家
- 离家出走
- 学习成绩或工作业绩突然下滑
- 离家前或回家时情绪骤然低落
- 说出消极和自我批评式的话，如“活腻了”“我再也忍受不了了”或“所有人都讨厌我”

根据经验，我知道，被欺凌的人往往会把他们的痛苦和忧伤藏起来不让家人和朋友知道，原因要么羞于启齿，要么害怕事情变得更糟。多数人看不到有哪条出路能让他们躲开欺凌自己的人，其结果就可能是悲剧的发生。耶利米·拉萨特和阿曼达·卡明斯的故事似乎就是这样。

我撞上这种事的时候就没有告诉父母，因为我不想让他们伤心，也不想成为他们的负担。我认为我的选择只有两种，要么听之任之，要么自己解决。其实被欺凌的人是需要帮助的，他们虽然未必会请求支援，但一定会欣然接受任何别人为缓解局面而做出的小小努力。我遭遇安德鲁这个死对头时，最让人伤心的一点就是没有人对我予以同情，同学们眼看着他辱骂我却无动于衷，没有人来帮助我。我很高兴自己最后奋起反抗了安德鲁，而更让人开心的是，他因此而退缩了。但是我常常问自己，那些日子里善良的撒马利亚人在什么地方？

《圣经》告诉我们，有一次“一个法律专家”想要考验基督，他问：“我要做什么才能得到永生？”

耶稣问那个专家，律法中是怎么写的。

“‘全心、全意、全神、全力地爱你主上帝’，”专家回答道，“而且‘像爱你自己那样爱你的邻人’。”

然后法律专家问耶稣：“谁是我的邻人？”

耶稣以著名的善良的撒马利亚人的故事予以回答。故事说，一个旅行者在从耶路撒冷去往杰利科的路上遭人抢劫和打伤，在那里等死。有两个人经过但是并没有施以援手，但是第三个人——也就是从撒马利亚来的人——帮助了他。撒马利亚人处理和包扎了这个受害者的伤口，把他放上自己的毛驴，带他到了一个旅社并在那里照顾他。在离开康复中的旅行者之前，撒马利亚人还给了他一些钱，并许诺说会回来看他。

讲了这个故事后，耶稣问法律专家，三个过路人中谁是遭劫者的真正邻人，他回答：“同情他的那个人。”

听到这句话，耶稣回答说：“去做同样的事吧。”

我鼓励你也做同样的事。

《圣经》还教导我们：“如果你希望其他人怎样对你，那么你就要怎样对他们。”这被称为黄金法则（Golden Rule），同时也是基督教最基本的生活原则之一。它通过“像爱自己一样去爱邻人”的戒条传承下来，让人们坚信，上帝会像我们对待别人那样对待我们。

寓信念于行动，反抗恃强凌弱

上帝希望我们做伸张正义的人，比如只要是在能够帮忙的情况下，就绝不让另一个人受苦。《圣经》中只是说，善良的撒马利亚人发现的那个旅行者被人欺凌了、打伤了、抢劫了，而耶稣没有浪费口舌去说明他期望我们在发现有人处于那种境地的时候要做什么。作为上帝的孩子，我们要守望相助。在别人被骚扰、被摆布、被嘲笑和被排斥的时候袖手旁观，不是基督徒所为，而且也不人道。大多数人都不会让一只动物被那样虐待，更不要说一个人了。

善良的撒马利亚人并不是只说句鼓励的话，而是中断了自己的旅程，为被打的那个人处理伤口，带他到安全的地方，确保他在康复之前都能得到照顾。《圣经》没有描述那个遭劫者的样子，于是我想，那是因为耶稣希望我们在任何人有需要的时候，都要做一个善良的撒马利亚人，无论他们和我们像或不像。

基于这一点，我鼓励你伸出援手，去帮助你认为可能正在被欺凌的人。在帮忙的时候，不要让你自己受到伤害。如果你担心自己的安全，那么就去找一个你信任的老师、牧师、上司、保安或执法的专业人士，把你了解到的信息告诉他们，然后让他们介入。鉴于近几年恃强凌弱行为导致了许多校园和职场暴力事件，你的担心会被严肃对待。

每一个案例都不尽相同，而被欺凌的每一个人都有他独特的能力，那可以用作解决问题或者不用作解决问题。多数专家建议，哪怕你有此能力，也不要采取身体对抗的方式。即使你赢了恃强凌弱者一次，也不能保证你的麻烦就此终止。

通常情况下建议你采取以下步骤：

- 确保有目击证人，包括以下这些权威人物：老师、管理者、保安人员、当地执法者或你那个用人单位的人力资源部的同事，借此书面证明恃强凌弱者的行为。
- 友好地向恃强凌弱者出示目击证人的证词，让他停手。
- 坚持记录被欺凌的日期、时间，以及被欺凌的地点，这些都能够说明你是反复被欺凌。每一次都要写下这些经历给你的身体、精神和感情带来的影响。如果欺凌你的人同时也欺凌其他人，那么就让大家以同样的方式收集证据。

网络欺凌和短信嘲弄

随着网络交流和手机短信交流越来越盛行，还有一种形式的恃强凌弱也变得普遍起来，这通常被称为网络欺凌（cyberbullying）。虽然恃强凌弱者没有当面威逼恐吓，但这种骚扰的危害性丝毫不比其他形式的差。有一种并非存在于所有案例中但存在于大多数案例中的情况是，搞网络欺凌的人可能在现实中也在骚扰同一个受害者。此外，当事双方以恐吓、流言和脏话来相互欺凌的现象也并不罕见。

近几年，有许多青少年自杀事件都把网络欺凌归结为要因之一。

赖安·哈里根是佛蒙特州的一个八年级学生，当网上散播了关于他的流言蜚语后，他在2003年结束了自己的生命。他父亲把那种残酷的行为描述为“弱肉强食”，就连平常不会做这种事的孩子都参与其中。在另外一个广为人知的案例中，据说密苏里州的梅根·迈耶就是因为遭受了一个同学的母亲的网络欺凌而在2006年自杀。

由于大量知名案例都涉及自杀和网络欺凌，所以现在许多政府制定了法律，禁止利用互联网或手机来骚扰或恐吓他人。如果你感觉有人在以电子邮件、社会性媒体文章或短信来骚扰你，那么有很多种应对方法。如果你住在家里，那么就应该马上告知你的父母，这样他们才能够决定做些什么。

如果你是恃强凌弱的受害者，那么记住，你一定要赢得的那场最重要的战役，就是战胜自己的内心。无论别人对你说什么或做什么，都无法定义你这个人。上帝创造你自有用意，在上帝的眼里你自有价值。你要相信这一点，然后寓信念于行动，让自己从过去的批评、流言或辱骂中站立起来。你是上帝的完美作品，不要听信任何人的不同论调。

恃强凌弱者就是想让你低估自己的价值，因为打倒了你，他就会感觉自己高高在上。你没必要陪他玩那种游戏，而是应该把专注点放在你的天赋上，剩下的事情自有上帝去处理。只要你沿着为你而设——而且仅仅是为你而设——的道路前行，就会得到快乐和满足。

终极恶行

如果你面临恃强凌弱或骚扰，有一个朝着积极的方向前行的办法，就是专注于帮助他人和改善他们的人生；而且我保证，你的人生也会因此而变得精彩绝伦。在旅行途中，我遇到过许许多多无私奉献的人，他们通过向他人伸出援手而从自己的困境中站了起来。他们有些人因自己为之努力的事业而被欺凌和恐吓，但仍然坚持不懈。

就像我之前提到的，这个世界上有许多种形式的恃强凌弱。无论何时，只要有人剥夺了另一个人的安全、自由和精神安宁，那就是侵犯人权。大多数人都以某种形式遭受过欺凌。在当今世界上，最严重的侵犯人权的形式包括种族清洗（也被称为种族灭绝）、种族歧视、宗教信仰迫害、性取向迫害、性奴役、人口贩卖和伤人致残。

我行遍全球，亲眼见过许多种侵犯人权的现象，令人发指。在《人生不设限》一书中，我写到印度孟买的贫民窟里汇聚着妓女和性奴隶的“笼街”（Street of Cages），而“孟买青少年困局”（Bombay Teen Challenge）的创始人K.K.德瓦雷牧师就在那些地方孜孜不倦地努力着，为的是减轻奴役、虐待、贫穷、性传播疾病和毒瘾给妇女和儿童带来的磨难。

我的事工非常支持“德瓦叔叔”在孟买开展的了不起的工作，而让我开心的是，还有另一名基督徒寓信念于行动，为“孟买青少年困局”筹措资金，境界高远。事实上，这个不同凡响的小伙子不但是一个基督徒，还是一个蝴蝶球投手。2011年1月，纽约大都会队的大联盟投手R.A.迪奇为了给“孟买青少年困局”筹措资金和提高关注度，在非洲近六千米高的乞力马扎罗山开始了登峰行动。他在跋涉了六万多米后，终于到达了山顶，并发出了一条信息：“上帝是仁慈的。”R.A.迪奇借助自己的冒险经历让“德瓦叔叔”的伟大组织从中获益，这让我欣赏不已，特别是之前大都会队告诉过这位明星投手，说如果他在攀登中受伤，他价值四百五十万美元的合约就会失效。

这个世界上有许多人在寓信念于行动，为人权而战，反对欺凌弱小。我所认识的最具奉献精神的人中，有一位聪明的姑娘，名叫杰奎琳·艾萨克，年纪和我差不多，她本来可以在加利福尼亚州专心从事一份律师的工作，轻松度日。我通过杰奎琳的父母维克多和伊薇特认识了她。他们一家人都是具有奉献精神而且勇往直前的基督教布道者，通过他们名为“成功之路”的非营利性组织在阿拉伯世界传播上帝的精神。他们制作了一档阿拉伯语的基督教电视节目，名为“Maraa Fadela（贞洁的女人）”，由伊薇特担任主持，专门提供教育和励志类的信息。全世界的阿拉伯人都可以通过卫星收看他们的节目。

就在我和伊薇特见面前不久，一个坐着轮椅的残疾人来到她所在埃及的教会门外找她。他拽着她的衣袖问：“你那么专注于妇女和儿童的需求，什么时候能开始关心一下我们的需求呢？我们也需要帮助。”

伊薇特心里很难过，但还是解释说，她不认识为残疾人群服务的个人或组织。

轮椅上的男人说：“这是上帝的意思，他会带那个人给你，协助你为残疾人服务。但是不要随波逐流，你要做我们真正需要的事。”

大约一个星期后，一个牧师对伊薇特说他看过一个年轻人的视频，还说那个人很适合做她电视节目的嘉宾——就是我！她联系上

LWL，邀请我上她的节目。我们立刻成了朋友，我把伊薇特称作我的埃及母亲（不是木乃伊[①]）。

伊薇特威望很高，所以能够为我安排好这次行程。有关我克服残疾和其他困难的信息被媒体广泛报道，还让我得到面见许多政府要员和领导人的机会，其中包括亚历山大的市长和卡塔尔的公主谢赫·赫萨·哈利法·宾·艾哈迈德·阿勒萨尼，后者在联合国致力于关于残疾人的事务。

在许多有影响力的领导人的支持下，2008年伊薇特帮我在开罗组织了一场演讲活动，由她负责翻译。我本来希望听众达到两千人，所以当有两万人来到现场的时候，我们都吃了一惊，结果那成了这个国家现代史上最大规模的集会之一。那次活动的成功为我打开了进入许多中东国家的大门，其中包括科威特和卡塔尔。

艾萨克一家把我当成了自己人，为我代表全世界残疾人的事业贡献力量。他们做的好事太对太多，真是说也说不完。他们还为了终止存在于那部分世界的传统陋习而积极活动，反对压制人权、妨碍教育、危害健康、压迫和伤害女性。

杰奎琳·艾萨克是我的第二个妹妹，只是没有血缘关系而已。她如今已经凭借自己的个人能力成为国际上的重要人物。十三岁前她一直住在加利福尼亚州，然后她的人生发生了剧烈变化，不再像一个典型的美国青少年那样，围绕着学校、朋友、教堂和娱乐过活。

“我长到十三岁的时候，有一天晚上回到家里，发现我的祖母死在了地板上。我的祖母是我生命的全部：她一手把我带大，我每天晚

① 首字母小写的mummy是木乃伊的意思，而首字母大写的Mummy则是妈妈的意思。

上都在她的身边入睡，我总是愿意和她分享我所有的秘密。当时我惊呆了！事实上，我特别恐惧、惊慌和愤怒，以至于开始为她的死而责备上帝。”杰奎琳对我说。

当这个十几岁的孩子还在为祖母的死失魂落魄的时候，她的父母亲又给她带来了更让人震惊的消息：他们已经决定举家搬迁至埃及，在那里继续基督教布道者的工作。

“我失去了我的祖母，失去了回家的路，失去了我习惯的一切。”杰奎琳回忆道，“就在那时，我感觉自己好像放弃了人生，还放弃了上帝。那段时间我常常一个人坐在自己的房间里，大声喊：‘上帝，如果你在的话，为什么要拿走我熟悉和深爱的一切？’”

回想当时，现在的杰奎琳已经懂得了，当时她没能理解上帝为她的人生做出了比她能预见的宏伟得多的计划。“事实上，有一天我见到了一位牧师，他开导了我。他看着我说：‘难道你想不明白吗？上帝拿走你所熟悉的一切，这样你唯一能做的就是依赖他。’”在那一刻，杰奎琳明白了上帝对她的召唤，知道无论环境怎样，自己都必须要带着信念前行。

“其实，我恰恰需要那些艰难的环境来塑造和磨炼自己，才能去响应上帝的召唤。”她说，“我终于理解了‘带着信念前行’的真谛。”

在见到那个牧师的几个月后，另一个牧师从得克萨斯州来到埃及，主持了一个基督教会议。那个得克萨斯人布道之后，有一段祈祷时间，于是她来到杰奎琳身边，说：“年轻的女士，上帝已经召唤你去实现一个高尚的目标。我看见了你环游世界的样子。你会回到美国，但最终你还是会回到埃及。我看见你有许多次回到埃及，带着人们挣脱枷锁。我看见你对这个国家位高权重的人和领导者讲话。当你讲话的时候，他们会聆听，上帝会赐予你神圣的力量，会为你助力。你会问自己：‘我是谁，居然有此荣幸对这些人讲话？’”

当杰奎琳意识到那些话是上帝的恩赐时，她既震惊又谦卑。“我一定要牢牢记住上帝的话，真心真意地相信他，虽然我还不具备那种精神高度、教育程度和社会地位，但上帝会塑造我。”她说。

十五岁的时候，杰奎琳考入了美国的一所大学，但是在她的一位导师说她注定要成为一名大使之后，她放弃了生物学专业和成为一名医生的计划。“你要成为沟通两个世界的桥梁，当你讲话的时候，人们会聆听。”他对她说。

那时候杰奎琳意识到，她注定要和父母所在的埃及连接起来。“我知道上帝已经计划把我派回埃及。大学期间，我带着信念前行，让上帝塑造一个奇妙的我。”她说，“尽管在当时听起来难以置信，但是我明白，当某件事看起来不可能的时候，只要紧跟上帝，他会让看似不切实际的梦想变得可能！”

杰奎琳实现了那个梦想。她现在与宗教领袖、政府领导和社会活动家协同合作，为改变埃及而努力。当十几岁的杰基[①]第一次搬到那里时，女同胞们遭受的压迫立即令她震撼，就连她在埃及的一些女性亲戚也要承受可怕的割礼习俗，这又让她震惊。当她向成年人甚至牧师质问起这件事时，他们矢口否认，说已经不再举行这种仪式。还有人说，那样做只是为了“保护”年轻女性，让她们不在婚前发生性行为。联合国儿童基金会（UNICEF）估计，全世界有多达1.4亿的女性经受过这种残酷文化传统的摧残，埃及、埃塞俄比亚和苏丹至今仍普遍保留着这一习俗，还有一些组织在肯尼亚和塞内加尔施行割礼。

---

① 杰奎琳的昵称。

在这些国家里，许多人相信这种施加在婴幼儿至十五岁青少年身上的风俗是宗教信仰的要求，尽管没有哪个主流宗教有此明文规定。还有些人相信这种割礼能够保护女孩子，让她们在准备好结婚前不发生性行为。

“我所知道的，就是这些女孩儿的身体被切除了部分器官，那让人毛骨悚然。”杰基对我说，“所有这些事都令我震惊。要不是有上帝的仁慈庇佑我的人生，我可能就会成为那些女孩儿中的一个。我很幸运，成了一名埃及裔的美国人，于是我感觉自己有义务帮助我的国家的女性了解她们的权利和自由。”

杰基回到美国，取得法律学位之后，就成了一名直言不讳的人权倡导者，活跃于亚洲、非洲、中东的很多国家。在开展活动期间，她经常去埃及和其他国家的农村地区。有许多次，牧师和社团领袖都想要掩盖真相或者瞒天过海，甚至当年轻女性正在被他们秘密残害时。当她得知有一位牧师让教众中的母亲给她们的女儿举行割礼时，杰基当面反驳了这位牧师。这位牧师对她说：“砍掉你的右臂总好过让你的整个身体都在地狱里煎熬。”意思是说，在女孩儿们的身体上施行割礼总好过让她们有着发生婚前性行为的风险。

医生和医院都不肯施行这个非法的手术，因此有时候理发店就被当作割礼地点，有时候也会让接生婆或神职人员来施行。由此导致的感染、内出血和其他慢性病简直是女孩们的家常便饭。虽然我的朋友如此耿直地反对这样那样的侵犯人权的行为等于将自己置于危险的境地，但是她感觉到寓信念于行动的必要性，认定自己要为这个国家仍在受压迫和被残害的妇女和女孩儿说话。

“有一次，我们和一位医生兼牧师开着车去给乡下的三百个男人演讲。当时我心跳加速，他也吓呆了。我们知道会遭遇反抗，于是我向上帝祈祷，问他我应该对这些男人说什么。他们还不知道我要讲什么，我担心当我告诉他们，女性割礼不但邪恶而且危险的时候，他们会杀了我。”

杰基相信，当你寓信念于行动去制止压迫的时候，心中产生的所有恐惧都可以用祈祷这个法宝来克服。她说无论环境多么恶劣，祈祷都能够带来胜利。

“离教堂还有两分钟路程的时候，我感觉到圣灵的安宁降临，它把我包围。那时候我想明白了，从我口中说出的话不是我的话，而是上帝借我的口说出的话。带来胜利的人是上帝，带来支持的人是上帝，触动这些人心灵的人是上帝。”她说。

当她站在那里，对着男人们演讲的时候，上帝的怜悯和慈悲笼罩了她。事情不但没有像她担心的那样，而且还发生了天赐般的结果，上帝在她曾经畏惧的这些男人身上激发了铺天盖地的积极回应。

“他们把自己的手举得高高的，双膝下跪，乞求上帝的原谅，为他们对自己女儿的所作所为忏悔。”她说，“当时我满脑子想到的就是，如果之前让恐惧感控制了我，那么上帝就不会以这种超乎想象的方式发挥我的作用。”

杰基对男人们解释说，他们很多人的妻子都不想性交，原因就是她们在还是女孩儿的时候就被施行了割礼，性交对她们来说是痛苦的。一般情况下，一个抛头露面的女人哪怕只是对男人们提起性交的字眼，也会被视作一种冒犯行为；但是这些男人回应给她的是请求原谅，还有就是发誓再也不会让割礼这样的事发生。

“我感觉上帝在用他的爱来保护我。”杰基对我说，“那场面特别感人，我们看到了那么多人忏悔。”

还有一次，是在杰基刚开始致力于这项事业的时候，她要去一个非常贫穷和危险的村子，跟那里的女人们聊聊她们遭受女性割礼的经历，而这个话题本来应该是禁忌。当时各种各样的人都劝她不要去。“但是我内心真的感觉上帝要引我去那里。我感觉上帝对我说，在一个充斥着暴徒、废物和穷鬼的村子里接触‘最卑微的人群’是件很重要的事。”

杰基说，她“追随着我心里的那些喃喃低语”，尽管很害怕，但还是去了。当她和一些女人说话的时候，突然有两个男人走进了屋子，其中有一个还带着刀子，而且他们两个开始为杰基是不是应该留下而厮打起来。在他们打架的时候，带着刀子的那个男人倒在了杰基脚边。“我开始祈祷，请求上帝控制住局面，我以耶稣的名义呼唤着。突然间，那个男人站了起来，看了看我，然后跑掉了。”她说。杰基把这称为“不可思议的信念力量”。

“通过这件事我认识到，有危险拦路是因为上帝要做某件大事而撒旦想要从中阻挠。”她说，“问题在于，你会如何处理困局，是转身逃走还是在耶稣的武装下直面撒旦。我很高兴自己那天留了下来，因为不但我有机会听到这些女人说的话，而且上帝还借用我说服了那家的父亲，让他承诺再也不会给任何一个女儿施行割礼。事实上，这位父亲开始对家族里和整个村子的男性讲，割礼是多么错误的一种行为。”

《圣经》说：“不要做任何无知无益的事，而且还要揭露它们。”追随着这种指引，我一直都在为杰基和她父母的这项事业提供助力，带着使命前往埃及和其他国家，而这个年轻姑娘在危险环境下表现出来的寓信念于行动的境界实在是寻常人不能做到的。

2011年，由于“埃及的春天”革命推翻了埃及的执政党，所以杰奎琳在那里深入开展了维护和平、建立共识和倡导人权的工作。她联合了基督教和伊斯兰教的领袖，还有学者、积极分子和青年志愿者，为埃及创立了一份约定和平和人权的协议，被人们称为《戛纳和平协议和行动计划》（*Cannes Peace Accord and Plan of Action*）。她还组织了一场名为“上帝创造万物”的同盟运动，旨在团结居住在世界各地的埃及人。为了表彰杰奎琳在埃及所做的工作，全世界伊斯兰教的最高教长请她担任“宗教一家”（Family House）的美国代表。这是一个由埃及宗教领袖组织的委员会，旨在鼓励和推动基督教与伊斯兰教之间的合作。

“上帝在我还是小女孩儿的时候对我许下的承诺如今正在丝毫不差地实现。”杰奎琳对我说，“没错，有时候是很危险，但它就像我心里的一把火。虽然我为自己所做的事担心和害怕，但是我不能熄灭这份热情。埃及发生革命之后，出现了一个大大的改革机会，所以现在我要一步步前行。”

《圣经》说：“啊，人类啊，上帝已指示你何为善。他向你要求的是什么呢？不就是要你行公义，好怜悯，谦卑地与你的上帝同行吗？”有违正义的事——像恃强凌弱、仇恨性的犯罪、宗教迫害、其他侵犯人权的行为——给这个世界带来了太多苦难。我绝不建议你像杰基那样亲身犯险，但如果你是个受害者，或者知道某人正在受害，那么请通知那些能够提供帮助的人。寓信念于行动，尽你所能地反抗压迫和有违正义的行为。最重要的是，在追求上帝设立的目标时，不断祈祷一个美好世界的出现。在那个世界里，每个人都能够平安度日。

你会先为你自己祈祷吗？如果你正在通过迫害他人、散播流言或恃强凌弱等行为埋下死亡的种子，那么请为自己祈祷吧，上帝会帮助你改邪归正。当你被别人打倒的时候，你会祈祷上帝保护你的内心吗？没有祈祷的我们是软弱无力的；而有了祈祷，我们的背后就有上帝的力量支撑。

另外，你会和我一起祈祷吗？祈祷这一代人不再做袖手旁观的一代，而是要做乐于助人的一代。为你的学校祈祷，为欺凌你的人祈祷，为你的心祈祷，让我们都能够在某些方面保持警觉，由此让这个世界变得更加美好。

第八章 退一步海阔天空

1983年，我的两位了不起的朋友盖理·施坚拿和玛丽莲·施坚拿想到了一个“不进反退”的计划。当时他们已经结婚并且在玛丽莲的出生地——加拿大——建立了家庭。但是在津巴布韦长大并且出身于传教士世家的盖理感觉上帝在召唤他去乌干达首都坎帕拉，要他在战火中创办一所小小的教会。

创办一所教会的任务对他们来说可能很容易，但是决定离开安全的加拿大却很难。当时乌干达的内战正打得激烈，有几十万人丢了性命或流离失所。内战、盗贼、杀人犯、干旱、疾病已经把那个一度被称为“非洲明珠”的资源丰富的国家变成了全世界最贫穷的国家之一。肆意蔓延的艾滋病使混乱局面和战争冲突更加恶化，乌干达的社会体系也分崩离析。

在教会开办还不到两年的时候，当发现许多儿童流浪于乡间，被弃于城市垃圾堆，甚至被裹在那里自生自灭之后，这对有奉献精神的基督教夫妇就在自己原有的使命上又加了一项重要任务。“那段时期我们的感染率是全世界最高的，我强烈地感觉到上帝在说：‘照顾我的孩子们。’”几年前我拜访他们夫妇和他们的三个孩子时，盖理这样对我说。

玛丽莲说："上帝并不在乎我们的教堂盖得有多大，他告诉我们，要照顾孤儿们，孩子们的哭声深深触痛了上帝。"

他们在一个租来的小房子里成立了"瓦托托关怀儿童事工"（Watoto Child Care Ministries），但是没有哪个房子能装得下他们的雄心壮志：他们要在一个大约有两百万孤儿的国家里给贫困儿童提供住处、教育和医疗护理。

施坚拿夫妇为两千多名孩子创建了三个堪称奇迹的儿童村，我有一次去非洲演讲的时候参观了其中一个。儿童村被盖在整洁漂亮的地面上，一共有两百多个家庭，每八个孩子被分成一组，而每一组由一个养母照顾。每一个儿童村里都设置了配备水电和冲水马桶的学校和诊所。这些现代化的便利设施在乌干达的多数地区都难得一见，它们大部分由世界各地的志愿者提供。施坚拿夫妇是寓信念于行动的伟大榜样，让那些志愿者心甘情愿地伸出了援手。

许多孩子刚刚出生就到了瓦托托，并在那里度过整个青少年时期。除此之外，施坚拿夫妇还提供资金援助，让品学兼优的年轻人能够得到中等教育的机会，成为有用之才。如今瓦托托有五十多个孩子正在接受高等教育，今后还会有更多。儿童村的宝贝之家平均每个月都要接收十五个弃儿或孤儿。据施坚拿夫妇说，那些孩子中有很多在刚来的时候艾滋病毒都呈阳性，但是抗反转录病毒治疗和母亲的抗体通常能够清除他们体内的病毒。

几十年来战争、破坏和暴行连续不断（在2004年，反叛者们拐骗了大约两万名孩子，其中男孩子被迫当了游击队员，去恐吓他们自己所在的社区，女孩子则被强奸和被迫当了性奴），但身处其中的施坚拿夫妇后来有了让人难以置信的成就。

瓦托托的座右铭是"拯救、抚养、重建"。他们的目标是拯救在战争、疾病和贫穷中迷失的一代，并且把幸存者变成有教养、有能力的基督教领袖，让他们有条件、有意愿重建这个国家。施坚拿夫妇还开展了“生存的希望”（Living Hope）项目，向该地区许多受苦受难的妇女讲授生存技巧，提供职业培训和心理咨询，给予她们目标、尊严和未来，帮助她们实现需求。

玛丽莲对我说，这些年里虽然遭遇过抢劫、威胁和暴力事件，但是他们的工作从未间断。他们不止一次勇敢地进入最危险的地区去完成上帝的使命。几年前，施坚拿夫妇接受了一项任务，去乌干达北部——法律的真空地带——拯救一些被反叛势力奴役的儿童。在大多数情况下，施坚拿夫妇并不知道他们要在如此艰难的条件下完成艰巨的任务，但是一次又一次地，他们坚持寓信念于行动，把一切都交托给了上帝。

“起初我们只想创办教会和布道，但是上帝说，他派我们到乌干达不是为了让我们做自己想做的事。他是派我们去帮助受伤害的人们，以此完成他的使命。”玛丽莲说。即便如此，如今他们已经在八个地方创办了教会，为两万多人提供着服务。他们的任务量仍在增加，因为需求是巨大的，盖理说。“但是我们的上帝是伟大的，而我们相信，我们能够发挥作用。”他补充道。

如今全世界有不少人通过著名的“瓦托托儿童合唱团”的表演知道了施坚拿夫妇和他们了不起的事工。这个合唱团录制音乐光盘，组织“希望音乐会”（Concerts of Hope）进行世界巡回演出并筹集善款，目的是让施坚拿夫妇完成更多的使命。

退让的力量

退让（surrender）这个概念很难理解，因为大多数人都会把这个词和失败、退却或放弃联系起来。当乌干达的施坚拿夫妇最初选择了退让，转而追随上帝更伟大的计划时，他们没有放弃任何东西，唯一抛却的是自己被控制的错觉。那时候他们明白了，上帝以所有的智慧为他们勾画了一个更加伟大的前景，他们在加拿大能够做出的任何计划都不及它。

退让意味着离开非洲和那里数百万困苦的灵魂。然而他们不但没有那样做，而且还坚持相信他们的天父是最有先见之明的人。他们信任上帝，说："我们不知道要怎样才可以做到你希望我们做的事，但是我们会信任你的智慧，并且依赖你的力量来实现你为我们设定的目标。"

你在一生中肯定会有不得不退让的时候——你不得不放弃努力，不再尝试摆弄那些超出你控制范围的事，而是集中精力、竭尽全力、循序渐进地运用你具备的所有天赋、才能、技巧和智慧。你可能做过这样的事，只是没有深思而已。也许糟糕的经济环境或失去的工作曾让你改变职业。你那不是退却，只是承认一些不可控因素改变了环境。你根据仍然存在的机遇调整了你的计划，然后带着对自己能力的信心步步前行，谋求生存和发展。

在你身上发生了什么事并不重要，而你如何回应则重要得多。作为一名基督徒，我的回应就是放手，让上帝把他的计划展示给我看。当我的脚步和上帝想让我做的事不一致的时候，我总能判断出来。因为那些时候我会感觉到灰心、失落、压抑，就像我小时候就要步入青春期的那个阶段，总想弄明白在一个为四肢健全的人设计的世界上我该如何生存——且先不论如何发展。当上帝已经让他的计划就绪时，我还在绞尽脑汁地构想我的整个人生。

退让是放弃你的错觉，不要以为自己坐在驾驶员的座位上。没错，你的确要决定如何行动、何时行动和以什么样的态度面对这个世界。没错，你应该根据你的热情勾画你的梦想和人生目标。但如果你以为自己能够决定发生在你身上的事和你周遭的环境，那就是异想天开了。所以说，所有人真正能做的就是让自己准备好应付最坏的和做到最好。这就是说，要开发我们天赋中的所有潜能，无论发生了什么，我们都相信自己有能力坚持下去和勇往直前。

实际上我们如果要控制身边的所有东西，反而会变得束手束脚。举个我做不到但或许你能做到的例子来说明。现在，尽量握紧你的拳头。这样你的整只手就充满了力量，对吗？那么如果有人给了你一把全新的宝马车的钥匙，你会只为了保持控制权而拒绝这个机会，还是会松开拳头，接受这份礼物呢？我们的人生也是这样。当把所有时间都用在保持控制权上时，我们就面临一种风险——本来可以通过寓信念于行动和放手而得到的好运会溜走。如果施坚拿夫妇固守他们在乌干达创办和经营一个教会的小小梦想，那么他们就会与一个更大的机遇擦肩而过，无法给数千人，甚至可能是那个国家，带来积极的影响。

我绝不会建议你放弃某个梦想，但是我鼓励你学会退让，不必执拗于绝对的和持续的控制，由此向最大的可能性和机遇敞开你的人生大门。当然，除非你是已婚人士，否则很难全面理解以退为进这件事。我开玩笑呢！好吧，或许不完全是玩笑……我相信当你和某人确立了爱情关系时，你就会在很多事情上退让，不再有自私自利和以自我为中心的行为，不再要成为永远正确的那个人。当然还有，你会让出电视遥控器！

在更深层次的精神境界上，当你和上帝建立起深厚的感情时，你会为他替你做出的人生计划而退让，刹那间，退让这个举动的所有消极内涵都无影无踪了。它成了一种赐予你快乐和力量的经历。有许多次我都被问到如何在没有四肢的情况下得到一个好得不可思议的人生。问我问题的人以为我所缺少的东西让我承受着痛苦。他们仔细看过我的身体，于是很好奇，我怎么可能把自己的人生交付给让我一出生就没有四肢的上帝？还有人曾试图安慰我，对我说所有的答案都在上帝那里，当有一天升入天堂的时候，我就会发现上帝的用意。事实恰好相反，我选择相信和每天牢记《圣经》中说的那句话："上帝本身就是答案，今天是，昨天是，永远都是。"

当人们读到我的人生经历或者亲眼见到我的生活的时候，他们就会祝贺我战胜了自己的残疾。我对他们说，我的胜利来自退让。当我承认自己无法独立赢取胜利时，胜利就每天都来报到。所以我对上帝说："我把它交付给你了！"一旦我让步了，上帝就会接手我的痛苦，把它变成好事，给我带来真正的快乐。

好事是什么？对我来说，它就是人生的目标和意义。当我找不到人生的目标和意义时，我就不再执拗于那种需求，于是上帝介入了。当别的人和事都不能给我的人生提供意义的时候，上帝把它赐予了我。

如果你喜欢文字游戏，那么还有一个方法去理解我的日常生活。把"Go"（前进）这个词放在"disabled"（残疾）这个词前面，加上一点点带有创造力的想象，你会突然看到"God is abled"（上帝是万能的）。现在你懂了吧，虽然我有所不能，但是上帝万能。他让一切都变得可能。我力所不及的地方，上帝必孔武有力。我鞭长莫及的地方，他必游刃有余。所以说，我之所以拥有不设限的人生，是因为我从自己所有的计划、梦想和愿望中退让了出来，把一切交付给了上帝。我不会退却，但是我会退让。我放弃了自己所有的计划，这样上帝才能够把他为我安排的道路指给我看。

《圣经》中到处都是有关这一点的证明，里面说："我是主，是你的上帝。我握住你的右手，对你说，不要害怕，我会帮助你。"经文中还说："我是主，我会带你从你的负担中解脱出来。""'我知道我为你安排的计划是什么，'主声明道，'那些计划会让你成功，不会有损于你，会给你希望和未来。'"

在《旧约全书》中，上帝让亚伯拉罕杀死他的儿子艾萨克，作为赎罪的祭品。亚伯拉罕照做了，但是并没有对艾萨克言明。他只是让儿子陪着他，让艾萨克以为要用一只羊羔在山上举行一个祭祀仪式。当他们沿着山坡往上走的时候，艾萨克问羊羔在哪里，亚伯拉罕说上帝会提供。但是后来当他们走到山顶的时候，这位父亲却告诉儿子说，他就是那个祭品。

艾萨克没有反抗。在上帝的意志面前，他也选择了退让。他知道，无论我们有何感受，有何愿望，上帝选择的道路都是他最终要走的道路。幸运的是，这只是对艾萨克信念的一次考验。当亚伯拉罕要把刀刺进艾萨克的身体时，一个天使出手阻止了他。

这个故事中有两个退让的榜样，因为亚伯拉罕和艾萨克都基于他们的信念而在上帝的意志面前选择了退让。我们在人生中也要做同样的事，要懂得我们力所不及时，上帝必有力量。在经文中，上帝说："我的恩典对你来说绰绰有余，因为在人类的软弱面前，我的力量十全十美。”所以当上帝告诉我们要有梦想时，我们可以照做，同时心里牢记上帝会让梦想成真。

如果你已经秉持信念在上帝面前退让，而人生却依然不断遭遇屏障，那么你要轻轻唤醒上帝的慈悲：“如果实现这个梦想是你的意志，那么请帮助我。”我相信上帝为我们铺设的道路能够指引我们发挥最大的潜能。我的建议是，了解你能做的一切，然后把结果交付给上帝的学识。随着时间的推移，谜底会自己揭开。就像《圣经》中说的：“他的智慧是深邃的，他的力量是巨大的。”

你可能正准备有所行动并且已经摆好了姿势，但因为不确定是否能够做到而吓得双膝发软，那么就尝试着把它交付给上帝。反正在这件事情上信任上帝也不需要你付出什么。

当我把为缺少四肢而产生的痛苦释放的时候，我并非一无所求。我相信上帝会介入；我相信无论我缺少什么，上帝神圣的力量都会带我渡过难关。当我把自己交付给上帝的时候，我感觉到一种超越自我的力量。我拥有的那一点信念被延展到自己难以想象的程度。上帝以他的仁慈让我参与到改变人生的事业中。上帝改变了我的内在，让我有幸和他血脉相连，以他的名义游走世界。当我寓信念于行动，为上帝放下我的计划时，我开始了自己无法想象的快乐而满足的新人生。

交付给上苍

几年前，一个年轻的姑娘对我讲述了她的退让故事，令人非常震撼，而且肯定也会感动和激励你。她开门见山地说：“我叫杰西卡。我现在二十六岁，而从十八岁那年起我就被诊断为鼻咽癌。”

杰西卡在加利福尼亚州的普莱森顿念完了高中，刚刚进入加利福尼亚州立大学读一年级的时候，因为鼻窦炎总也不好而去看医生。医生惊讶地发现，在她的窦腔里有一个硕大的肿瘤。这种高级别的恶性肿瘤通常在年纪较大的亚洲男性身上出现。杰西卡不是亚洲人，也不是男性（这个显而易见），但是诊断的确无误。她的整个治疗过程紧张而痛苦。

一连几个月，这个年轻的姑娘每周都要有五天的时间做放疗，而每次放疗的时间是四十五分钟，与此同时还要接受六个月的化疗。放疗严重灼伤了她的咽喉内部，而化疗让她无时无刻不感到恶心。她吃不下东西，即便吃下也会吐出来，所以她的医生不得不用一根管子给她喂食，这样她才能有足够的力气承受治疗过程。

当杰西卡被诊断为癌症的时候，她的梦想似乎破灭了。身为大一新生的她不得不选择退学，并且辞去了兼职工作，因为她病得几乎连床都下不了。化疗让她失去了头发，因放疗而被灼伤的喉咙让她无法进食。用她的话说，她的痛苦“可怕得无可比拟”。

尽管杰西卡痛苦交加，但当时她选择了通过退让来寓信念于行动。“那段时间我的心开始专注于正确的方向。”她说，“当你和来生来世如此贴近的时候，你就会认真检视自己的今生今世，想确信自己没有违逆上帝的意志，想确定自己的心真的坚定。我不想让信念只停留在口头表白上，我想用自己的整个人生支持那个信念。”

我之前写过，让我们生病的不是上帝，但是他确实会利用疾病和其他重大挑战让我们离他更近，让我们把他放在人生的中心位置。疾病是自然界的组成部分，而上帝的爱来自精神国度。你能够看出上帝在杰西卡人生中的作为，就在严重的健康问题摧残着她的肉体的时候，上帝强化了精神上的那个她。

“上帝似乎在对我说：‘你过去依赖的所有东西现在都被夺走了，你还会爱我吗？你是因为我赐予你的东西而爱我，还是因为我是我而爱我？’”她说，“那时候我做了一个决定，要因为主是主而追随他。我懂得了，他想让我把关注点放在人生中真正重要的东西上，那就是更好地了解上帝，指引人类的灵魂信奉上帝和为升入天堂而生活。”

好消息是，在杰西卡经历了痛苦的治疗后，癌症消失了。然而治疗还是让她付出了代价，她的讲话能力和正常吞咽食物的能力都受到了损害。可是尽管有这些长期性的副作用，她还是从所有的痛苦和自怜中退让出来，转而选择感恩。“荣耀归于上帝，我视力完好，听力也基本无恙，而且我仍然能够讲话和唱歌，尽管比过去困难一些。”她在电邮里写道，“以上讲的都是发生在我身上的故事，但接下来让我给你讲讲这个故事的另一面——希望，我祈祷自己能够把希望的信息传递给境况和我相似的其他人。”

由于有信念基础，当医生发现肿瘤并且让杰西卡去做急诊CT扫描的时候，她做的第一件事就是把结果交付给上帝。她一点儿也没放弃，而是把自己的斗志交到了上帝手上，诉诸可以为她所用的最初的力量的源泉。她打电话给教堂的牧师，于是当天傍晚，牧师就组织了一个紧急祈祷会。

通过退让，“我得到了一种无法言喻的安宁。”她写道，“只有上帝的孩子才能够理解我得到的那种安宁。本来在那一刻我的整个世界会土崩瓦解，但结果没有。客观条件可能不在我的控制范围之内，但是我的人生仍在基督的掌控中。我知道他会陪伴我走完全程。我知道我有可能会死去。事实上，有许多次我准备入睡的时候，都想着那可能是我在这个世界上的最后一刻。我看到了客观条件的存在，但也知道上帝的存在。我知道如果我死去，那么我会升入天堂，爱我的救世主会把我拥在怀里。”

退让后的安宁

深呼吸，吸……呼……这样做的时候你感觉到安宁了吗？所有人都渴望那种平静的感觉，不是吗？

我们在这个世界上的人生是什么样子并不以我们的意愿为依据。你和我被创造出来并被安排到自然界是源于上帝的意愿。上帝派了他的儿子牺牲性命为我们赎罪，而基督的那种退让是一种极致，他听从了父亲的安排，赐予我们获得永生的机会。就像杰西卡指出的，像基督一样退让，把我们的生命交付给上帝，就会得到难以置信的安宁。《圣经》告诉我们：“面对任何情况都不要焦虑，而是要怀着感恩的心去祈祷和恳求，让上帝知道你的需要。然后上帝的安宁会通过耶稣基督来保佑你的心灵和你的精神，那种安宁超脱任何人的理解能力。”

只有当你寓信念于行动，从你的恐惧、你想要控制人生的愿望以及你想要知道行为结果的愿望中退让出来时，你才能得到安宁。当你在人生中探寻上帝的意志时，无论是为了做出决定还是寻找机遇，都不一定能得到上帝的示意。得到的情况鲜有发生，而如果发生了，就是一大幸事。我尝试弄明白上帝的意愿的过程，归根结底是要寻找安宁的感觉的过程。

当我祈祷和为了某个机遇而决定采取行动时，如果内心一直是平静的，那么我就感觉自己是在服从上帝的意志。如果我失去了那种安宁的感觉，那么无论何时，我都会停下来，做更多的祈祷并且重新思考。我相信如果我走上了错误的道路，上帝就会让我的内心发生变化，来给我指引。

你可能有许多朋友和给你提供建议的人。可能你的决定是基于一群重要人物的建议或你自己的直觉。每个人都有一套做决定的流程，我的流程就是退让。上帝创造了我们，所以他对我们了如指掌。他感觉得到我们的感觉，但是他的眼界能够到达我们看不见的地方。在建议和学识方面我依赖很多人，但是在指引方面我只依赖上帝。我为自己面临的机遇而感恩，我常常感觉自己像是走在一个大酒店的走廊里，四周有几百扇门等待开启。要知道哪些门适合自己并不容易，但是通过退让、耐心和信任，上帝会给我指引。

当然，有一天上帝可能会否定你的计划，但是第二天他可能会肯定某些更好的。只有当你把人生交付给上帝，并且为你和上帝之间的关系而欣喜的时候，你才会知道上帝能为你的人生做些什么。每当我急于实现自己的目标时，只要想到我之所以在这里是因为上帝爱我，想到当我退让的时候上帝就会指引我，我就能找到安宁。

杰西卡在寓信念于行动后也得到了类似的结果，她说那意味着“你即使看不到或不理解基督的最终计划，也要起身追随他；意味着你即使想要退却，也要跑完全程；意味着即使有伤痛，也要选择爱；意味着即使感觉筋疲力尽，也要挺直腰板继续努力”。她补充道：“寓信念于行动意味着把目光从自己身上转投到四周人的身上，他们需要知道希望的存在；意味着通过信任基督来实现自己的愿望，然后起身帮助其他人实现愿望。”

你没有必要做到尽善尽美，因为那是上帝要做的事；没有什么比想通了这一点更让人欣慰。你可以把自己交付给上帝，然后耐心等待。经他之手，任何事都会变成可能。当杰西卡感觉最糟糕的时候，她让上帝完全按照他的意愿来对待她，无论结果怎样。放手给了她莫大的轻松感，她说，因为“我知道如果我的人生遭到了打击，那么基督一定有他的目的”。这种认知中蕴含着无穷的安宁、力量和自由。

杰西卡给我写信的时候，她的癌症已经得到缓解，当时距离她最初被确诊为癌症已经有六年了。她体内看不到癌症的迹象，她告诉我，虽然她的人生已经被永远改变，而且那些副作用会带给她巨大的挑战，但是她的内心充满了感激之情。

在医生的许可下，杰西卡回到了学校，后来又进入了职场。她在一家医院的神经科和肿瘤科当了一名医务助理，帮助病人面对她曾经克服的那些挑战。但是几年后，由于那份工作对她虚弱的身体来说太过繁重，她休了长假，现在专心为上帝做事。

“有了那段经历后，我为自己拥有的一切而感恩。它让我更有耐心，而且非常坚定。现在我肩负着一种使命前行，我看到了自己的目标。”她写道，“我的使命就是确保存在严重健康问题的人都能够体验安宁，就是我直至今日仍然拥有的那种安宁。这是在知道耶稣基督即救世主时得到的安宁，这是超越了所有人理解能力的安宁，这是知道你死后会去往何处时得到的安宁，这是知道你的人生掌握在宇宙造物主手中时得到的安宁——没有什么地方比那里更安全。”

就在最近，我又收到了杰西卡的来信。此时距离她发现肿瘤已经有十一年了。她体内仍不见癌症的踪迹，她仍然在感恩，仍拥有难以置信的智慧。杰西卡现在对于她的病有了截然不同的看法。她第一次被确诊时，以为上帝是要惩罚她。“我只把上帝看成正直的法官，他的确是，但是我忘记了，他还是一个慈爱的父亲，只想让我的人生拥有最好的东西。”她说，“我只看到了上帝的惩罚工具，却忽视了他那只仁慈和怜悯的手。我更多的时候把这件事看成了自己理应得到的报应。而事实是上帝在以他伟大而慈爱的善心对待我。他把‘我’从我体内拿走，然后放更多的‘他’进来。”

当你把人生交付到上帝的手中，就等于迈出了第一步，然后会一步步成为上帝想让你成为的那个人。这个举动蕴含着巨大的安宁，也蕴含着自由和力量，因为上帝会把他的奇迹施加到在他的意志面前退让的那些人身上。基督说：“如果有人要追随我，那么让他先抛却他自己，然后每天背负着他的十字架，再来追随我。”

抛却自私自利——就是把你自己的希望和意愿放在一边，把上帝放在首位——对大多数人来说都不是能够轻易而自然地做到的事。我们的肉体有着强烈的求生本能，因此自我保护就成了优先考虑的事。即使当我们拥有坚强的信念时，退让一切的概念也很难被付诸每日的行动。

虽然杰西卡在十四岁的时候就诚心诚意地念救赎祷词，“但说真的，我并不知道带着信念生活的含义。”她说，“我仍然是一个很自我的人。我以为主会按照我的意愿行事，实现我所有的梦想。那时候我对于大学毕业后的生活有很多梦想，我想结婚生子——你知道的，过上‘白篱笆[①]’的小日子。我非常自私，想要每一件事都顺着自己的心意。”

杰西卡相信，上帝利用她的病体强化了她的灵魂。她感觉在病得那么重的情况下，自己只能专心思考身为一名基督徒和把人生交付给上帝究竟意味着什么。在经历了可怕的痛苦和失去了熟知的人生后，杰西卡发现了一条道路，引她走向她从不曾体验过的智慧和认知。

① 一所有着白篱笆（白栅栏）的房子往往被视作中产阶级的标志。

"上帝想让我明白，他赐予我的人生并不只是要让我心满意足。"她说，"事实上，那根本就不是目的。上帝想让我明白，他赐予我人生是让我给他带来荣耀，给他人带去鼓励。他想让我得到最好的，但是他对'最好'的阐释比我要丰富。"

退让的意义

杰西卡在退让后发现了它的含义。"在我看来，退让意味着把你最宝贵的东西交给主；意味着不再坚持按照自己的理解去想什么能带给你快乐，而是要相信上帝比你更清楚你内心的渴望——他会赐给你一个让你心满意足的人生，哪怕那不是你曾经想象的样子。"她说。

我不知道你怎么样，但是这个年轻姑娘的智慧和信念让我很敬畏。《圣经》告诉我们："让自己快乐，同时以主的快乐为快乐，他会满足你内心的渴望。"请注意这段经文不是在建议我们以自己的快乐为快乐，也不是让我们满足自己内心的渴望。然而我们却经常陷入那种境地，就是总想要创造自己的快乐，而不是把我们的人生交付给上帝，然后为他的爱和他为我们创造的人生而快乐。大多数时候，当我们试图让自己快乐的时候，我们恰恰让自己暂时偏离了快乐。当你的快乐不能持久或者不能很深入的时候，你就会知道我说的是真的。如果你为上帝而快乐，那么上帝就会为你创造快乐，那是一辆新车、一件新衣或一枚钻戒给你带来的快乐所无法比拟的。

杰西卡说她找到了这样做的方法，那就是抗癌大战后即使要应对那些副作用，她也坚持过"一种每天都退让的人生"。虽然癌症给她带来的剧烈痛苦已经过去，病情得到了缓解，但是现在她不得不带着一身残障过活，那是患病和治疗的后果。由于她的舌头和声带已经基本失去了功能，所以她还是吐字不清。她难以正常进食和吞咽，还有患上肺炎的趋势。

杰西卡挥之不去的身体问题可以让她的人生变得艰难苦涩——如果她选择沉湎于不幸的话。然而她并没有如此，而是选择每天都“想着一切皆在基督的掌控之中”。她告诉我：“我必须提醒自己，他给我设定的计划‘会让我成功，不会有损于我，会给我希望和未来’。我必须接受一个事实，那就是即使我拥有的人生并不是我一直梦想的那个样子，我也拥有基督在天地初开时就为我选择的人生。他没有做错。”

像杰西卡一样，我拥有的人生也不是我孩童时期梦想的样子。我祈祷长出四肢，因为我以为那会让我快乐。我以为如果我有了胳膊有了腿，就能那样深呼吸和体验真正的安宁。我相信没有四肢的我就没有快乐可言。我以为我不可能为自己创造一个快乐的人生——我以为自己在这一点上是正确的。只有当我寓信念于行动并且把我的人生交付给上帝的时候，我的快乐才会实现。上帝向我展示了我的不完美有多么完美，完全符合他设计我的初衷，而他帮我实现的内心渴望比我自己能够实现的还要多。

杰西卡在她的人生中也发现了同样的道理。“目前主还没有带给我一个丈夫，但是主每天都让我看到，他要成为我人生中的爱。”她说，“我没有自己的孩子，但是主让我为好几个十几岁的女孩儿提供咨询建议，我把她们看成是我精神上的孩子。我希望我的人生能够向她们证明，上帝在创造奇迹。”

就像杰西卡说的，不是在把人生交付到上帝手中后，你就可以期待每一天都充满阳光、鲜花和欢笑。我们生活在自然界——至少现在是这样，而阳光、鲜花和欢笑只是这个世界的一部分，另外还有暴风雪、蚊虫叮咬和高速公路上的五车连环相撞。

退让是一个以分钟、小时、天为单位的过程。在我更年轻的时候，我花了大把时间质疑上帝和他为我设定的计划。现在，我变得更有耐性，不再追问，而是等待上帝按照他的时间表向我揭晓他的答案。

耐心与信任

耐心是退让过程的一部分——还有信任也是。我和你都想要即刻知道答案，但是我们必须相信，上帝有他自己的时间表。

如果我们坚持信念并且尽量理解，那么在我们准备好接受答案的时候，上帝的计划就会显示出来。让一个孩子生下来就没有四肢的目的就是一个谜团，谜底随着我的信念逐步增加才慢慢被揭晓。就像我之前所说的，我的窍门之一就是阅读《约翰福音》第九章第三小节里那个关于盲人的故事。基督奇迹般地治愈了那个人的盲症，并且向他解释了让他失明的用意——利用他来展示上帝的荣耀。这段经文让我茅塞顿开：上帝可能也为我设定了一个目标。或许就像那个一出生就看不见东西的人一样，我被创造成四肢全无的样子，这样上帝就能够传递某个信息，或者以某种方式让我为他所用。

随着我对上帝的行为方式和人生机遇的理解与日俱增，上帝耐心地把我放到了他设定的道路上并且让我看到了自己的目标。杰西卡说，她在应对癌症和治疗给她带来的难题期间，也有过类似的经历。

“我知道对我来说，有一些时候会让人感觉难以为继。”她说，

“我的声音问题让我经历了一段非常难熬的时期。人们很难理解我的意思，即使我重复好几遍，人们可能还是不知道我要说什么。那让我感觉自己蠢到家了，有时还觉得自己是个废物。”

“有一段时间我甚至不想张嘴，由于声音是我每天都要用到的东西，所以我很生气上帝居然让它受损。”她补充道，“但是，主让我看到，我的声音恰恰就是他赐予我的讲台，让我能够代他说话。由于要理解我的话比较困难，所以人们不得不花时间聆听。而且人们还因此而认识到，我所经历的一切都是真实的。于是我得到了一些机会去见证和讲述主在我的人生中做过和正在做的事。”

我相信，当你以完全的信任和耐心，彻底交出你的人生时，你还会得到另一种很好的回报：上帝的力量。我从十八岁开始就环游世界，经常一年就去二十个或者更多的国家。我乘坐的不是私人飞机。我去的地方往往充满危险、交通不便、疾病蔓延、饮水不洁、缺医少药。然而上帝却以某种方法让我健健康康，还给了我向数百万人传递他的信息的力量。

我和杰西卡都懂得了一个道理：退让带来力量。“基督让我起身为大多数人服务的时候，通常就是我最心烦意乱的时候。然后在帮助其他人的过程中，在看见绝望的心灵找到上帝的安宁的时候，我自己的心也轻快了起来，并且再一次明白了，主的快乐就是我的力量。”她说。

“所以我建议人们在面对巨大挑战的时候，要带着一颗退让的心生活。要一直记得，无论现实多么艰辛，在基督口中这些都只是我们‘暂时的小麻烦’。基督说，它们会带给我们一种‘荣耀的永恒分量’。看看你的身外，向需要主和主的爱的灵魂伸出你的援手。在这样做的过程中，主会满足你的需求，让你看到他非常爱你。”杰西卡说。

信奉上帝的这个年轻姑娘让人难以置信，不是吗？她告诉我，主随时都可能到来，而她希望在那一刻主会看到她的忠诚。“我祈祷，在我懂得我的价值来源于主的时候，我的整个身心都被充实。”杰西卡对我说。

我和你可能都更倾向于认为我们的人生、我们的出世和我们的离世都由我们自己来主宰。但是在我们把人生托付给上帝的那一刻，上帝就成了那个主宰，每一天，每一分钟都是。我们仁慈的天父经常以高深莫测的方式向我揭示他的计划，以此来驳倒我自己精心制订的那些，每一次都让我自叹不如。上帝神圣的计划那么美好，闪耀着智慧的纯粹光芒，每一次都让我惊叹不已。有时候我追溯过去，想着要是能成为上帝的一个信徒兼门徒，亲眼见证上帝以那些无法言喻的方式，借基督在人世间实现的作为，会是什么样子。我几乎能够描绘出那幅画面：上帝的追随者回到他们各自分散于罗马帝国的宗教时，向信徒们回报说：“你绝对不会相信上帝都做了些什么！”

基督的力量就在于此。当你寓信念于行动，把一切都交付给上帝的时候，你不会相信上帝将为你做的事。我向你保证，当你把自己放在上帝的手上时，你会发现一个让你激动而兴奋的人生。你要相信，当我们真心实意地退让于他为我们设定的充满希望、充满意义的目标时，基督就会让我们为他所用，接下来你就可以憧憬一个拥有信念的人生。上帝的爱具有净化的作用，你要让那种爱在自己的整个人生中自由流淌和充分发挥作用。就像经文中说的那样：“要品味和发现主的善良。”

第九章 播撒善的种子

几年前我第一次去利比里亚的时候，目的是传递一种爱和信念的信息，激励尽可能多的人。由于这个国家“声名在外”，所以我没有想到这个不算安定的非洲国家和在那里长期受苦的人们会同样激励到我。

这个小小的沿海国家在很长一段时间内都被认为是世界上最贫穷、最野蛮和最腐化的国家之一。虽然利比里亚曾经位列非洲最有教养、最勤劳、自然资源最丰富的国家中，但是政治动荡让它承受了三十多年的苦难。最具破坏性的是直到2003年才熄火的两次内战，二十多万利比里亚人在那场战争中丧生，还有数百万人逃到了其他国家。性奴役和毒品买卖在那里十分猖獗。

2008年我到达利比里亚的时候，暴力冲突和贪污腐化造成的深刻创伤仍然随处可见。在大多数道路上汽车都只能勉强通过。城市以外的地区几乎没有供电，即使在城市内也是少之又少。只有四分之一的利比里亚人能够喝到干净的水。动物死尸的味道弥漫在空气中，令人作呕。沿途有许多人看起来都营养不良，一贫如洗。我们一次又一次地发现在垃圾箱和垃圾堆中间安家落户的男人、女人和小孩儿。

由此你可能会怀疑，在这样一个充满苦难的地方，我怎么可能得到激励。

在我们到过的每一处！

你懂的，我们看到的那种穷困潦倒和疏于管理的现象都是利比里亚的历史遗毒，应该追溯到由颓废独裁者和嗜血军阀统治的那段黑暗时期。不过我们在那里逗留的时候，也看到了利比里亚的未来，一个充满希望的未来。

由于利比里亚境内危机四伏，所以在整整三十年的时间里，都很少有援助机构、传教士或慈善组织敢踏上那片土地。但是这种情况自2005年开始发生了剧烈的变化。如今有数十亿美元涌入利比里亚，光是美国每年就为那里的重建工作捐赠至少2.3亿美元。

许多慈善组织都参与到帮助利比里亚恢复和重建的全球努力中，我们在2008年逗留期间寄宿的地方就是其中一个。我们住的是“非洲爱心号”（Africa Mercy）——从属于“爱心船队”（Mercy Ships）。船体曾经是一个铁路轮渡，如今已经成了另一种类型的爱之船——一个长达一百五十多米的水上医院，经营者是一个基督教慈善组织，员工是来自四十个国家的四百多名爱心志愿者，其中有内外科医生、护士、牙医、眼科医生、理疗专家和其他卫生保健专家。

非洲爱心号上的所有医疗小组都贡献着他们的时间和服务，而且大多数人都是自掏路费加入非洲爱心号，去完成它的全球使命的。内战期间利比里亚损失了95%的医疗中心，而我在这艘令人惊叹的船上看到的先进设施全都达到了国际最现代化的水平。有些日子里排队登船和寻求帮助的人多达数千个。

在爱心船队这个国际慈善组织中，非洲爱心号是最大的一艘医疗船。爱心船队的使命就是遵循基督两千年的传统模式，通过爱他人和为他人服务，把希望和健康带给全世界被遗忘的穷人。在这艘神奇的船上给四百名志愿者演讲的时候，我表达了自己的钦佩之情，因为他们以自己的才能和技术服务于上帝最穷苦的一些子民，这是伟大的恩赐。医疗船的志愿者至少要奉献两个星期的时间，但有些人在那里服务了许多年。事实上，他们的食宿费用都由自己承担。想到那些医疗专家的工作都很紧张，只有那么一点在家的闲暇时间，却被他们全部奉献了出来，真是让人惊叹。

我在船上到处转了转，还参观了六个手术室中的几个，病人的坏疽、白内障、唇裂、烧伤、肿瘤、断肢、分娩创伤和许多其他问题都可以在那些手术室里被治疗。后来我了解到，在非洲爱心号停泊在利比里亚的这四年里，医疗团队的志愿者们总共实施了至少七万一千八百次专业外科手术和三万七千七百次牙科手术。

非洲爱心号上的志愿者们向数千名病人提供免费医疗服务，这就是在服务他人的过程中寓信念于行动、播撒善的种子的极好例子。我的妹妹米歇尔和我们的妈妈一样是护士，我一回到家就给妹妹讲志愿者的故事，赞美之词溢于言表，然后她也签名加入了他们的一个团队！

我妹妹和我一样，也相信我们都应该播撒善的种子，让它们长成常年开花结果的参天大树，在这个过程中让我们的世界孕育出更多的善种和更多果实累累的大树。我和米歇尔或许此生此世永远都看不到我们所做的事开花结果，但是没有关系。我们要做的是尽我们所能播撒最多的善种，心里想着上帝将决定哪些会生长、哪些不会生长。我鼓励你也尽你所能地播撒最多的爱心种子、鼓舞种子、励志种子和仁慈种子。

在行动中贯彻你的爱和信念很重要。寓它们于行动中，这样它们就能帮你结出更大的善果。这是你每天早上都可以做的选择。你可以决定利用上帝赐予你的才干和能力，去实现一个更宏伟的目标。我们每个人都有某种才能，而所有人对朋友、家人和业务人脉都能够产生影响，因此我们可以拉更多的人参与进来，让他们也能够播撒善的种子，由此扩大我们的贡献。

我们要效仿基督这个榜样。上帝的儿子把他的一切都给了我们，而我们应该像爱上帝那样用我们的爱为上帝的孩子们服务，把我们的一切都献给上帝。基督就是那样做的，尽管他知道自己是王、是上帝的儿子，但他还是爱所有人，为所有人服务。播撒善的种子的伟大之处在于，上帝会看到合适的种子并培育它们，所以有时最不起眼的种子也能够长成庞然大物，就像那艘一万六千五百七十二吨重的水上医院，可以对无数个生命产生积极影响。

构想和创立爱心船队的是一对基督徒夫妇，他们带着信念行动，播撒善的种子，以惊人的方式为他人提供着服务。唐·史蒂芬孙和德央·史蒂芬孙是在瑞士生活期间创立爱心船队的，他们的人道主义工作把最好的现代化医疗服务提供给了发展中国家里最穷困的人，这让他们得到了全世界人民的认可。唐有着神学学位，德央则是一名注册护士。1978年，他们患有严重先天性智能障碍的儿子约翰·保罗出生，之后夫妇两人就萌生了建设第一艘爱心船的念头。后来，唐去了印度，在那里遇到了特里萨嬷嬷。特里萨嬷嬷鼓励他们夫妇俩和她一起为全世界最穷困的人服务。“约翰·保罗会帮助你成为许多人的眼睛、耳朵和四肢。”她告诉唐。

虽然史蒂芬孙夫妇并不富裕，但是特里萨嬷嬷的激励给了他们莫大的鼓舞，于是他们说服了一家瑞士银行提供一百万美元的贷款，买下他们的第一艘船——一艘退役的意大利邮轮。从那以后，他们的善举就得到了世界各地捐赠者的支持，其中包括星巴克，它在船上开了一家供应免费咖啡的店，好让各个医疗小组能够有充足的咖啡因来保持精力旺盛。（记住，我们不能做到的事，上帝和咖啡因能！）

现在你知道我在利比里亚发现的第一个，也是最大的一个激励来源是什么了：一艘巨大的丹麦渡轮被几百名了不起的志愿者和一对基督教夫妇变成了一艘爱心船，而激励这对夫妇为他人服务的人是当时世界上仆人式领袖（servant leadership）的最伟大榜样——特里萨嬷嬷。这个不起眼的女人通过她在加尔各答为穷人做出的无私奉献和在一百二十三个国家创建的组织，激励了数百万像史蒂芬孙夫妇那样的人，让他们在全世界播撒善的种子。

你可能会问“我能做些什么”或者“我需要贡献什么”，答案是：“你自己”。你自己和上帝赐予你的才能是你能够贡献出的最好的礼物。当你通过为他人服务而寓信念于行动和播撒善的种子时，你就能被激发出一种超出你想象的力量。看一看被史蒂芬孙夫妇和他们的爱心船拯救和改造的生命，或者看一看特里萨嬷嬷和她在全世界创建的六百多个组织，你就明白了。

为国家服务

我在利比里亚发现的另一个励志源泉是一个像特里萨嬷嬷一样的女人，她也是一位影响力巨大的仆人式领袖和基督徒。在得知她是一位政客后，你可能会觉得很惊讶，毕竟这是一个因领导人物贪污腐败而臭名昭著的国家。我最初也不敢相信，但是就像全世界的其他人一样，我很快发现，埃伦·约翰逊·瑟利夫一点都不像在她之前统治利比里亚的那些暴君和军阀。

她是从哈佛大学毕业的基督徒，人称“埃伦妈妈”。在被前任总统监禁两次之后，2005年她接过利比里亚的烂摊子，成了这个国家的第一任女总统。在当时，她也是非洲大陆上唯一的女总统。在过去的许多年里，利比里亚以惊人的速度大幅倒退，而瑟利夫总统当选的消息则让人们欢呼雀跃，觉得这个国家就此向前迈进了一大步。美国前第一夫人劳拉·布什和前国务卿康多莉扎·赖斯出席了她的就职典礼。

新总统的工作繁重而艰难。她也许很想抑制贪污腐败之风，同时创造就业机会，让85%的失业者重获工作，但是首先，她必须要解决照明问题。连年战争之后，就连首都蒙罗维亚都断水断电，也没有排水系统可用。

瑟利夫总统是第一个通过竞选进入本国立法机关的利比里亚土著人士的女儿。虽然那里的政治制度残暴歪曲，她却受到了良好的教育。她对利比里亚贪污腐败的领导阶层进行了猛烈抨击，为了逃过由此会遭受的监禁，以及缘于其他一些因素，她接受了哈佛大学肯尼迪政府学院的奖学金，出去求学。回到家乡后，她因继续强烈反对执政当局而两次获罪入狱。除此以外的时间，她只能逃到国外，过了五年离乡背井的日子，其间以国际金融工作为业。

再后来，瑟利夫和勇敢的活动家蕾曼·葛宝伊带领数千名身着白衣的利比里亚妇女，聚集在蒙罗维亚的一片空地上要求和平，该事件标志着利比里亚独裁者查尔斯·泰勒的血腥统治走向了末路。她们在那里停留了数月之久，经历了酷夏和雨季，召开记者招待会，吸引全世界的关注，呼吁共同抗议泰勒政权对人权的侵犯。有一次，女性抗议者们围在一家酒店外面，阻止在里面开会的那些泰勒军阀离开。

最终，泰勒逃窜到国外，后来又作为战犯被联合国逮捕和审判。2005年，瑟利夫当选为总统，开始恢复祖国的安宁和秩序。

三年后，当我见到她时，利比里亚仍在披荆斩棘地艰难前行，毕竟要从数十年的疏于管理和暴力冲突中恢复过来不是件容易的事。那么多年来，利比里亚人民还是第一次不再被政府欺压和迫害。联合国为了保证那里的安宁，一共派出了一万五千名维和军人。

我们在她的办公室里一共聊了二十五分钟，我发现瑟利夫总统是一个集力量与爱心于一身的人，让人印象深刻。难怪她还有另外两个称号——“利比里亚的母亲”和“铁娘子”。由于我此前从来不曾和一个国家的领袖面对面，所以和她会面的时候我非常紧张。

瑟利夫总统接见我的时候，还有几天就是她的七十岁生日。她的样子很像是一个祖母，慈爱的双眼中满是温暖，于是我立刻就放松了下来。她还跟我说，利比里亚有60%以上的人都是基督徒，而她也是其中一个。她从小就是卫理公会教徒，早年毕业于卫理公会教会学校。我们谈到了信念，我能看出她的内在力量有很多都植根于她的宗教信仰。

如果我有成为某国总统的那一天，就希望自己能像瑟利夫总统那样。这个信奉上帝的女人相信一个道理，我把它描述为“不要问上帝能为你的国家做什么，而要问上帝这个国家能为他做什么”。一个国家能够为上帝做的最伟大的事就是成为一个范例，让人们看到自己的国民如何信任上帝，如何把一切都交付给上帝去恢复和修补。我相信，如果利比里亚的人民信奉上帝和上帝的承诺，那么它就能成为一个范例，让人看到上帝如何创造奇迹。

鉴于我要在瑟利夫总统的国家里给几拨人演讲，她拜托我去鼓励那些利比里亚人教育和培养他们的孩子，并且回去耕种他们的粮食作物，特别是大米——内战已经严重破坏了这个国家的农业，所以他们吃的大米绝大多数依赖进口。瑟利夫总统想为她的三百五十万国民服务，想重建她千疮百孔的国家。她强大的使命感让我深深折服。自她接任后，利比里亚陆续得到其他国家的援助，并且通过对外开放引进了价值一百六十亿美元的外国投资。在个人层面上，她似乎也是古道热肠。比如在接见和迎接我们之前，她借出了两辆SUV（运动型多用途汽车），好让我们能够在高低不平的道路上行驶。

我没必要刻意把瑟利夫总统塑造成一个励志榜样，也没必要评述她是怎样一位身居高位的仆人式领袖，因为她播撒的种子已经为她赢得了全世界最高级别的荣誉。就在我们会面的几年后，她和蕾曼·葛宝伊被授予了诺贝尔和平奖，奖项表彰了她们为建设和平和捍卫人权所做的工作。在获得这个万众瞩目的奖项四天后，瑟利夫总统获选连任，要再为利比里亚服务六年，这让她能够播撒更多善的种子。

瑟利夫还有一个身份是联合卫理公会2011年度教徒。在世人的眼中，她是一位仁慈、民主的领袖——而此时前任总统查尔斯·泰勒却正在为他对自己的人民犯下的可怕罪行而接受审判。这两个人同样身居领导者之位，同样因职位而被授予大权，然而他们行使权力的方式却截然不同。

门徒保罗是最早的基督教布道者之一，他在《圣经》中对这两种不同的领导方式有过论述。那段经文（《迦拉太书》第五章第十三小节至第十五小节）主要讲的是一个由曾经的奴隶及其后代创建和管理的国家。他说："兄弟们，你们已经得到了自由，但不要把自由仅仅当成是一个肉体得到解放的机会，而是要拿出你们的爱，为彼此服务。因为所有的法律都可以归结为一句话：'要像爱你自己一样去爱你的邻人。'但是如果你们自相残杀，就要当心最终会同归于尽！"

保罗要告诉我们的是，我们不应该利用我们的自由和权力去满足自己那些自私的需求和愿望——或者像泰勒一样中饱私囊，而是要像瑟利夫总统一样，利用自由和权力去关爱彼此和为彼此服务。

要为别人服务，你不一定要成为一国的总统，甚至不需要有四肢。你唯一要做的就是贡献出你的信念、才能、专业、学识和技术，让别人从中获益，无论大小。即使是最微小的善举，也能够产生涟漪效应。即使是那些认为自己没有力量影响周遭世界的人，在齐心协力、相互合作之后，也能够发挥巨大的作用，实现他们心中的目标。

播下的种子

瑟利夫总统、蕾曼·葛宝伊和她们的“娘子军”寓信念于行动，为人民服务，从而改变了一个国家的命运。她们为恢复和平贡献了力量，在祖国历经数十年的矛盾冲突后，她们在艰难的恢复工作中发挥着领导作用。就在最近，瑟利夫安排了超过两万五千名年轻人在假期之前把他们所在的社区清理干净，并为此向他们支付酬劳，让大家有钱过圣诞节。她的内阁一直在为建造新的医疗诊所和恢复七十万市民的供水服务而忙碌着。她迄今为止的成就还包括开办了超过二百二十所学校——一个前人播种栽树、后人享受果实的精彩案例。

利比里亚基督徒们领导的和平革命还播撒下了另一类种子，为我所亲见，并且给了我很深的触动。我到利比里亚还有一个任务，就是在一个足球场组织一个宗教复兴集会。按照我们本来的预期，可能会有三四百人参加，但让我们开心的是，最后来了近一万人。事实上为了能看到人山人海的球场里面的情景，人们干脆坐到了屋顶上和爬到了树上。绝对奇妙的是，那天我不得不把同样的内容演讲了三次，因为我们的讲台上只有一个比较小的音箱。于是，我只好把它对准球场的某一个方位，简短地讲几句，然后再对准另一个方位，把讲过的话再重复一遍。这样一来，就能让每个人都听到我字里行间的鼓舞、希望和信念！

这就是我在利比里亚发现的第三个励志源泉：人民本身。尽管这个国家的数百万基督徒承受了死亡、破坏、残暴和难以置信的艰难困苦，但是他们坚持着信念。虽然有许多人仍在受苦，但是在我们逗留期间，我无数次地看到了快乐的表达方式——从学生们的歌唱和玩耍，到赞美上帝的人们塞满整个球场。我们在利比里亚的朋友告诉我们，基督教和伊斯兰教的领袖们求同存异，通过一个跨宗教委员会为结束内战贡献了力量。我希望他们能继续合作，为他们的国家和他们的子孙后代创造更大的福利。

我想，那天我对听众们宣称我不需要四肢的时候，他们吃了一惊，所以开始交头接耳。而在现场恢复安静之后，我告诉他们，我真正需要的是耶稣基督。我想要让这些忍受了那么多压迫和残酷环境的人明白一点，只要上帝在我们心里，即使我们看起来缺少很多东西，我们也还是完整的。我还向他们保证，虽然他们在这个世上的人生极其艰难，但如果他们拥有信念，把基督当成他们的主和救星，那么他们就一定会得到永生的幸福快乐。我还指出，就算一个人在这个世上应有尽有——包括四肢，那些人能够带进坟墓的也只有灵魂而已，别无其他。

我告诉他们，要拥有希望，就一定要有救赎。“希望只能在上帝那里找到。”我说，“虽然我没有四肢，但是我用圣灵的翅膀飞翔。”然后我提醒利比里亚的朋友们，他们的境况仍在上帝的控制之中，因此他们一定不能放弃，而是要让希望保持鲜活。我告诉他们，如果上帝能够把一个没有胳膊也没有腿的人用作他的手和脚，那么他就会让遭受过战争蹂躏的利比里亚也为他所用。

我提醒他们，尽管我们祈祷的奇迹并不是总能实现，但那并不能阻止我们成为别人的奇迹。我讲完没过多久，这句话就当着数千人的面得到了验证。在我的演讲接近尾声的时候，一个利比里亚女人在拥挤的人群中拼命向我靠近，表情和动作都透着决绝。

保安人员有几次拦住她，但是她心平气和地向他们保证，自己不是要伤人。等她靠得更近些的时候，我明白了为什么保安都对她放行。因为她怀里抱着一个只有三个星期大的婴儿，那女婴没有胳膊，但是两个肩膀上长出了细弱的手指。我让那位母亲把她的孩子抱到我身前，以便能够亲吻她的额头和为她祈祷。

我的本意只是表达对这个孩子的爱，所以当听众中的许多人在我亲吻女婴那一刻抽噎和哭泣的时候，我吓了一跳。当时我以为，那只是因为他们没想到能看到一个和我的残疾状况如此相似的孩子。后来有人告诉我，那些利比里亚人是没想到一个缺少肢体的孩子居然能够活下来。在许多村子里，出生时即存在身体残疾的孩子会被处死，有些甚至被活埋。

当为我主持的人告诉我，非洲的乡村地区把残疾儿童视作一种诅咒时，轮到我大吃一惊了。通常这样的孩子会被处死或者抛弃，任其自生自灭，而母亲则会被驱逐，因为人们担心降临在她身上的诅咒会殃及整个社区。而据我眼前这位母亲说，她在人们还没来得及动手的时候，就带着她的孩子逃走了。

在我亲吻了这个没有胳膊的利比里亚孩子后，听众中的许多人懂得了，如果上帝安排了一个没有四肢的男人成为一名布道者，那么眼前的这个孩子和像她一样的其他孩子一定也是上帝的孩子。有一个男听众对保安人员说，他用巴萨文把我的演讲内容记录了下来，打算分享给一群住在偏远闭塞地区的人。他尤其想告诉他们，力克说了，残疾和畸形的孩子同样是上帝的孩子，那不是诅咒，“而是一种机会”。

虽然我并不能百分之百肯定，但是后来有人告诉我，自从我在利比里亚出现并且和那个孩子接触后，就再也没听说过残疾或畸形儿童被处死或被抛弃的消息。我当然希望这是真的。如果上帝借我之手种下了那样一颗种子，让许许多多的生命得以存活，让巨大的伤痛得以避免，那么我会感到无与伦比的幸福。

珍视彼此

世界上有太多人在为自己寻找舒适，而不是为别人提供舒适。我们很容易陷入追求个人快乐的泥淖中，从而忘记上帝最基本的教诲之一：真正的快乐源于为上帝和为上帝的孩子们服务。基督说：“因为即使是上帝的儿子，生来也不是要被人服务，而是要为人服务，为救赎许多人而献出他的生命。”当然，基督是最高境界的仆人式领袖和播撒善的种子的人。上帝派他的儿子来为我们服务，用他的死亡为我们赎罪，这是最高境界的牺牲精神。他把自己放在谦卑的地位上，甚至为他的信徒洗脚，借此让我们懂得为别人服务是寓信念于行动的最好方式。“一个坐在桌边的人和一个提供服务的人，哪一个更伟大呢？”基督在《圣经》中问，“不是坐在桌边的那个人吗？而我却和你们一起做提供服务的那个人。”

当我们拥有上帝那样的爱、快乐、信念和谦卑的时候，我们就会理解，没有哪个人比另一个人更高贵。最近我在达拉斯商业区参加一个不同寻常的户外礼拜和事工的时候，遇到了一个在人生中的每一天都真诚践行的仆人式领袖。利昂·博得牧师创建他的事工是源于一件听起来很像基督预言的事。1995年，身为木匠的他正开着一辆装满家具的卡车行驶在达拉斯的郊区，突然他看见一个在便道上步行的中年人。

起初利昂并没有打算捎上那个看起来像个醉鬼的陌生人，但是从他身边开过去之后，利昂感觉内心深处听到了圣灵在说话，于是他掉转车头，开回去打算让那个人搭车。当这个善良的撒马利亚人把车停在那个人身边的时候，他注意到那个人似乎步履蹒跚。

“你还好吗？”他问。

“我没喝醉。”那个人粗声粗气地坚持说。

“好吧，你走路困难，我来捎你一程。”利昂说。

原来这个名叫罗伯特·舒美克的男人并没有说谎，他走路困难是因为接受过几次脑外科手术，这影响到了他的行走功能，但这无损他扶危济困的决心和努力。

说话粗声粗气的罗伯特这两年来每个星期六早上都会带甜甜圈和咖啡给达拉斯商业区的流浪者，不过他不肯对利昂讲明这样做的原因。

“既然走路不便，那么你是怎么做到的呢？”利昂问。

“会有人帮助我，现在你也会帮助我的。”他说。

“我想我不会。你做这件事的时候是几点钟？”利昂问。

“早上五点半。”

“我不会捎你的，特别是在那个时间，”利昂说，“就连主都不会在早上五点半就起床。”

罗伯特对这个否定的回答不以为然，还是把让他搭车的地点告诉了利昂。

“你会在那里的。”他说。

“别指望了。”利昂回答道。

下一个星期六来到了，利昂早上五点就醒了，担心罗伯特会在某个街角等他。罗伯特建议的碰头地点位于这个城市不怎么太平的一个地方，所以利昂担心他的安危。

圣灵似乎又一次说服了他。

太阳还没升起的时候，利昂看到罗伯特站在一个街角，拿着一个装满五加仑热咖啡的暖水瓶。罗伯特让利昂带他去一个卖甜甜圈的店，把那些甜点装上车，然后他们开到了达拉斯商业区。此时街道上空无一人。

“就在这儿等着。”罗伯特对利昂说。

他们把一大瓶冒着热气的咖啡放在路边，就那么等着。太阳升起的时候，流浪者们一个接一个地出现了，他们中有将近五十位都冲着罗伯特的咖啡和甜甜圈走过来。虽然罗伯特跟自己那些服务对象交流的时候粗声粗气，但是流浪者们对暖暖的咖啡和甜甜圈却欣然接受。利昂在两年前就把生命交给了基督，此时他看得出，罗伯特正在播撒善的种子，而且显然需要帮助。于是自那以后，他开始每个星期六都去帮他。又过了几个月，罗伯特的身体健康状况每况愈下。

“罗伯特，你再也不能做这件事的时候怎么办？”有一天他们装东西的时候，利昂问。

“你会做下去的。”罗伯特说。

“不会的，你真的需要另外找个人。”利昂坚持说。

“你会的。”罗伯特又说。

罗伯特说对了。利昂·博得成了博得牧师，一个被正式授予了神职的人，他在九个当地教堂和其他捐赠者的支持下，在城内履行着他的使命。虽然罗伯特在2009年就去世了，但是他播撒的种子一直被博得牧师和他的妻子詹妮弗培育和照料着。如今，那些因咖啡和甜甜圈而兴起的街角集会已经成了遍地开花的户外服务活动，有音乐伴奏，有信念庆典。每个星期六的早上，都有超过五十名志愿者跟博得牧师一起，在达拉斯商业区的一个停车场里给数以百计的流浪者提供饮食，同时给他们的灵魂提供帮助。

当我受邀在他们的一次服务活动上演讲的时候，博得夫妇和他们给那些最穷困的人提供的所有关怀和安慰让我备受鼓舞。博得牧师的“灵魂教会”（Soul Church）的领导者和志愿者把每一个人都视为上帝的孩子。他们明白，每个人都需要爱和鼓励，哪怕只是一个甜甜圈和一杯咖啡搭配上一句温暖的话或一个和善的笑容。

博得把自己看成上帝的仆人，他说许多在他的户外礼拜上服务的人都曾经是流浪者或者为生存而挣扎的人。“后来他们在基督身上找到了仁慈和宽恕，并且被触动。所以我们的爱没有界限，就像我们的主爱我们那样。”

为变得更好而协同合作

无论你身处人生的哪个阶段，无论你身处什么样的环境，你都能够播撒善的种子。无论你是一个庞大慈善组织——比如非洲爱心号——的创建者或志愿者，还是一位像瑟利夫总统那样的国家领导人，或是一位流浪者事工的牧师，你所做的神圣工作都会因为你触动了无数生命而被放大许多倍。

我在旅途中遇见的所有仆人式领袖都有某些共同的特点和观点，值得所有人学习和效仿。

第一，他们谦卑和无私得让人难以置信。许多人用一生来为他人服务，而且不在乎自己能否得到认可。大多数人不但没有事事争先，反而宁愿躲在幕后，一边鞭策他们的志愿者，一边鼓励他们的服务对象。他们宁愿让出荣誉，而不是接受荣誉。

第二，仆人式领袖都是伟大的聆听者和移情者（善解人意）。他们通过聆听来了解服务对象的需求，通过观察和移情来探知没有被表达出来的需求。通常人们不必去寻求他们的帮助，因为他们已经觉察到需求的内容。仆人式领袖在待人接物的时候有这些想法：如果我在这个人的位置上，那么什么能让我得到宽慰？什么能让我振作起来？什么能帮我克服自己的困境？

第三，他们都是治愈者。当其他人还在为问题思前想后的时候，他们已经提出了解决方案。我确信还有很多善良的人在关注第三世界国家的受苦受难和疾病缠身的人们，并且把这些看成严重的问题。他们想的是怎么才能在那些偏远贫困的地区建起足够多的医院去为所有的穷人服务。而史蒂芬孙夫妇跳过了这个问题，拿出了创造性的解决方案：把游轮改建成水上医院，让哪儿有需要往哪儿去的志愿者们做医护人员。

第四，仆人式领袖不会把时间和精力浪费在短期的表面功夫上。他们播撒的种子会产生持续性的、长期的和不断扩大的影响。瑟利夫总统在局势动荡的祖国有和平环境后，就着手建设学校和吸引外国投资，为子孙后代创造机遇。

播撒善的种子的人会不断巩固和加强他们的成果，要么自己来培育它们，要么鼓励他人参与进来并超越他们，就像罗伯特·舒美克让利昂·博得和詹妮弗·博得传承他为流浪者做的事一样。

第五，仆人式领袖是桥梁的建筑者，他们把狭隘的个人私利放在一边，运用集体的力量为所有人谋求利益。他们非常相信，当所有人共享目标和成就的时候，每个人都会得到足够的回报。当有些领袖把分而治之、各个击破奉为战略的时候，仆人式领袖信奉的是以共同的目标把各种人组建成一个团体。

最近我在参加一个名为“我爱俄勒冈州中部”（I Heart Central Oregon）的活动时，见证了这种建桥战略特有的力量。当时有来自三个县和七十个不同教会的超过两千五百名志愿者聚集在一起为社区居民做好事——播撒善的种子。那个寓信念于行动的活动持续了整整一周，规模让人叹为观止。而我受活动的组织者杰伊·史密斯之邀，给他的志愿者和当地的学生演讲。

杰伊和埃利奥特乐队的成员已经举办了好几年这样的活动，他们能够把所有这些不同教派的人召集在一起为社区居民服务。这件事本身就很了不起。他们并不只是讲个不停，而是做个不停。他们会在星期六组织志愿者们集体走出去开展活动，包括粉刷消防栓、修葺住宅、耙整树叶、修剪草坪、替人跑腿、搬运家具，还有他们力所能及的其他一切事务，为的是改善邻居的生活。

我对杰伊说，实在很难判断出这些活动的组织者是谁，因为每个人都在他们乐于伸出援手和奉献爱心的领域里扮演领袖的角色。有趣的是，跨教派社区服务日是杰伊在身处人生的痛苦阶段时想出来的。他曾经从事过十五年的环游世界宣教工作，到过二十四个国家，和不计其数的年轻志愿者共过事。杰伊在2006年经历了一段艰难时期，他不得不把自己的活动范围划在离家更近的地方，这样才能把精力放在家人身上，包括他四个年幼的孩子。按照杰伊的说法，那是一个“断层的季节”，他知道以传教士身份环游世界的日子结束了，至少暂时结束了。他回到了位于俄勒冈州本德的家乡，决定把他曾经在乌干达或乌克兰那种地方行善时奉献的精力在家里发挥出来。

当这个仆人式领袖身处困境中的时候，他并没有沉溺于自己的伤心事中，而是走出去向别人伸出了援手。本德是一个比较富裕的度假胜地和疗养城镇，但是很多边远城镇还在为经济衰退和毒品、暴力而挣扎。于是杰伊决定专心为这些贫困地区做事。

“虽然我们没有资金，但还是说干就干，和来自几个不同教会的一百五十名志愿者开始了我们的第一个服务项目——只因为那天下了三十多厘米的雪，”他说，“于是我们就把服务项目计划定为扫雪。我们弄来了铲子、卡车和扫雪机，整整一天都在为大家清扫车道和人行道。做这件事的时候，我们发现和帮助了许多因天气不好而被关在家里的老人，还有其他因为下雪而不能出门的人。”

那天他们和一个给自家屋顶铲雪的老人聊天时，老人正说着话就因为疲劳过度而晕倒了。一些志愿者照顾了他，并且帮他完成了铲雪工作。在齐心协力为居民服务了一整天后，他们举行了一个庆祝仪式，即埃利奥特乐队的演奏会，那是后来所有这些活动的重要基础。他们的演奏会吸引了将近七百名青少年。

尽管下着雪，但是第一次服务活动的成功用一种行之有效的方式将杰伊和乐队的信念付诸行动。在那之后的几年里，他们在俄勒冈州的十一个城市里组织了十五次类似的“我爱”（I Heart）活动，有时候会有来自七十个教会的多达两千五百名志愿者在社区里从事服务工作。我之所以了解这些，是因为我曾经在其中的几次活动上演讲过。2010年在会展中心举办的一次“心念俄勒冈州中部”的活动中，我为八千多人演讲。

我们给那次活动增添了一个小小的趣味性环节，放在我的演讲之前，名为“我拥抱”（I Hug），结果创下了六十分钟内拥抱最多次的世界纪录。我成功地在一个小时内拥抱了一千七百四十九个人。你可以在YouTube.com上看到那段视频。娶了歌手玛丽亚·凯莉为妻的喜剧演员尼克·卡农想要打破我们的纪录，但他没能成功。据我猜测，那纯粹是因为他的胳膊没有安对地方，所以才不能超过我！

杰伊组织这些“我爱”活动还有一个更严肃的目标，那就是在为社区居民服务的时候，还要开放交流渠道，打破各教会和各教派之间的墙，以此展示基督徒寓信念于行动的力量。“有时候那些教会喜欢把所有其他教派都视作异类，他们很少互动，但是我有很多来自不同教会的朋友。在我看来，每一个教派都有它的价值。”他说，“基督绝不是我们哪一个教会能够独自掌控的，而当我们所有教会汇集在一起，就能够展示出信念的不同面，无论是拿撒勒派、浸礼教、四方教会、天主教、长老会、卫理公会，还是其间存在的任何一个教派。我想如果人们看不到我们基督徒在人生中践行信念，就很难让他们聆听我们说的话，所以我们要树立起寓爱于行动的典范。”

杰伊像我一样，都相信我们的教会担负着全世界的希望。虽然我有机会成为一个布道者，给人们带去激励、动力和希望，但日复一日为社区居民提供服务和带去爱的却是教会及其事工。也正因如此，教会之间不肯通过合作来增强他们的福佑才让我们忧心忡忡。

“基督说：‘如果你们珍爱彼此，那么所有人都会知道你们是我的信徒。’我感觉在他心里，我们就是一体的。”杰伊说，“对我们来说，凝聚在一起比分离要好得多。不同的教会们已经开始意识到它们的学说差异是次要的。我们都相信耶稣基督的救赎之道，那是我们最重要的相似之处。如果足够谦卑，我们就能够摒弃彼此的不同，为大众的利益团结在一起。”

除了谦卑和关注大众利益外，仆人式领袖还有很大的一个特点，就是善于聆听和理解其他人的需求，而不是把别人的需求意愿强加在自己身上。杰伊敏锐地觉察到某些教会的财力不如其他教会，所以他总是想方设法地通过获得补助金来降低开支，避免给参加活动的人带来任何资金压力。

在俄勒冈州一座有许多穷人居住的城市里，杰伊和他的团队通过获得补助金和收集捐款的形式为他们的项目筹集了绰绰有余的资金。事实上，他们在活动结束后还剩下了七百美元。参加活动的一名教会牧师提出了一个别出心裁的建议，把那笔钱作为圣诞节用度：他们把钱分成五美元一份发给教众，并且布置了任务，要求他们以慈善为目的让那些“种子基金”增值，无论是通过购买打折的糖果再转手卖出去，还是用它给柠檬水摊位制作柠檬水，或者购买天然气来修剪草坪。

最后，那七百美元变成了一万美元，被用作了各种项目的开支，比如为流浪者提供一系列关怀护理，帮单亲妈妈购买圣诞节礼物，给遭受虐待的孩子提供毛绒动物玩具，还有其他创造性的善举。

“我们这样做是要通过为他人服务来展示我们的爱，这种方法能让社区居民知道他们的教会关心和在乎他们。我们不是要自上而下地给他们灌输什么，而是要自下而上地为他们服务。”杰伊说，“而且我们并不希望我们的服务日成为一个一次性的活动。我们离开后，教会和城市之间的关系常常会继续发展。我们亲眼见到那种关系发展到某种程度后，市长会打电话给牧师，让教众穿上他们的工作服提供帮助。当人们尝到服务的甜头之后，就会想坚持做下去。”

杰伊和他的一群仆人式领袖在提供服务的时候曾经遇到过一些不同寻常的要求。“我们对他们说，我们有五百名志愿者，让他们看看我们能为他们的城市做些什么。有一个城镇因为削减预算而没有钱给杂草丛生的墓地除草，于是教会帮他们做了，并且现在那些教会已经完全承担了这项工作。教会因此而看到了为社区居民服务的新方法。”

本德市的官员们说，他们没有钱重新粉刷消防栓，这本来是每过几年都需要做的工作，好让人们在紧急状况下能够迅速找到消防栓。于是在两年之内的三次“我爱”活动期间，志愿者们重新粉刷了三千六百个消防栓，为这座城市节省了数千美元。他们的理念是，让每一个城市来决定如何被服务，那将有助于激发热情和构建友好关系。在某些城市里，杰伊和他的同伴们还与非营利性组织合作，那些组织包括当地的食物银行（food bank）、流动厨房（soup kitchen）、妇女庇护所（Women’s shelter）、启蒙教育（Head Start）或人类家园（Habitat for Humanity）。

“我们只是扮演催化剂的角色。牧师们常常在一开始有所迟疑，但随后当我们所有人一起祈祷、一起吃饭和一起工作的时候，横亘在人与人之间的那些墙就坍塌了。就像是良性循环，等我们到下一个城市的时候，他们已经听说了之前那个城市发生的事，于是就更愿意合作。”

我很高兴杰伊最近搬到了加利福尼亚州。我们两个希望能在这里合作，一起组织一系列的活动，核心内容就是：把爱和信念付诸行动，为他人服务，像我们的榜样那样发挥领导作用。

你要知道，像仆人式领袖那样播撒善的种子其实并不意味着要有大型项目——就像杰伊很擅长组织的那种，这正是它的伟大之处。即使微不足道的小小贡献也能够对某人产生巨大的影响。杰伊让我想起了这样一件事，就发生在他的某次俄勒冈州活动上。

当时我正在那片区域到处演讲，想要在一天之内跑完好几所中学。由于我们赶下一场就要迟到了（像平常一样），所以在一个特殊的学校演讲结束后，我们就立刻朝门口冲去。我没有时间拥抱走上前来的任何一个听众，这很不像平常的我。（因为我真的很喜欢我的拥抱时段。）

在离开学校礼堂的路上，我无意中瞥见了一个光头，这在一群青少年中并不常见。我停下轮椅，挺直了后背，发现那是一个看起来被化疗夺去了头发的女孩儿。我探望过许多癌症病人，我了解那种样子。

我操作着轮椅靠近了她在过道尽头的座位，然后说："亲爱的，给我一个拥抱。"不用说，我此时已经不再担心下一场演讲会迟到了。她用胳膊抱住了我，然后很快就大哭起来。我也大哭起来，还有我们周围的老师和学生们都大哭起来。

我们为什么要大哭呢？我没办法确切地向你解释她或我们周围的其他人是怎么回事，但我是在借此表达我的感恩心情，因为我有幸帮助了某个有需要的人。我想不到用什么言语来描述那种感觉，但是有一个被我叫作贝利的年轻姑娘给我写了下面这封电邮，比我更好地总结了仆人式领袖精神给很多人的人生带来改变的事实。

十二年前，我的母亲生拉硬拽地让我去一个专为发育障碍患者组织的露营活动中担任志愿者。在这个基督教的露营活动里，每一个志愿者都会被一对一地分配给一个残疾的成年人，为期一周。对于十二岁的我来说，可能没有什么比被迫和残疾人一起待一周更糟糕的了。

妈妈没有给我选择的机会，肯定也不会让我逃离这种“可怕”的境地。我紧张地坐在那里听着活动介绍，胃里简直不知道打了多少个结。当天的晚些时候，露营活动的工作人员把我们各自负责的露营者的申请表发了下来，我看到“残疾”那一栏里用大大的粗体字写着让人恐惧的字眼：唐氏综合征。

我双手颤抖着翻阅刚刚到手的那份申请表，因为第二天就要去见我负责的那位露营者，所以我要做好准备。我一整晚都翻来覆去地质问上帝，为什么要让我置身这样一个让人害怕又不自在的境地。

第二天早上吃过早饭，又听了更多的活动介绍，露营者们开始抵达了，我当时的恐惧超乎了我的想象。我能够认出每一个走下汽车的露营者，不过不是认出他们的名字，而是认出他们的残疾：唐氏综合征、孤独症、大脑性麻痹。露营者们陆续抵达的时候，我能看到的真的只有这些而已。

终于，当一个身材矮小的姑娘轻轻地从迎宾区的一辆货车上滑下来的时候，我听到有人叫我的名字。我怯懦地走上前去，听露营活动总监把我介绍给我要与之相伴一周的露营者斯甘娜。除了“你好”以外，我什么都不会说，但是在我挤出这两个简单的字之前，斯甘娜已经把胳膊环上了我的脖子，开始拥抱我。她那种全身心的拥抱是我此前从未感受过的。

“我等不及在这一周和你成为最好的朋友了。”她一边说着，一边抓住我的手，把我拖离了这个露营活动的第一个环节。

怎么会有人在刚刚遇见我的时候就那么无条件地爱我？他们不了解我在学校的成绩，也不了解我有多少朋友，也不了解我的人气怎样，以前用来定义我这个人的那些事他们统统都不了解。还不到傍晚的时候，所有由防御心理和恐惧心理筑起的篱笆墙就都被那个有发育障碍的成年患者彻彻底底拆除了，而我要做的只是给斯甘娜一个机会让她成为我的朋友。

那是我参加露营活动的第一周，距今已有十二年之久。而且以那一周为起点，后来的几周活动我妈妈再也不用硬拉着又叫又踢地让我去参加。根据我自己的记录，这十二年里我一共参加了超过三十周的露营活动，我不但担任志愿者，后来还当过暑期实习生。

在过去的两个暑期，我甚至还当上了一名工作人员，给露营活动的总监做副手。每当看到第一次来参加露营活动周的志愿者们双膝颤抖、内心痛苦，继而又看到他们内心的篱笆墙由一群被我们这个社会彻底忽视的人拆除干净，我都会感到无与伦比的快乐。

上帝在我参加露营活动期间给了我莫大的福佑。他一点一滴地向我体内灌输面向露营者的爱与热情。我坚信，无论是谁，只要给残疾人一个机会，就能让自己的人生发生绝对意想不到的改变。我们的露营者不但教我如何祈祷和与上帝开诚布公地交谈，而且还教我如何无条件地爱和坦率地与他人分享自己的信念。

在《约翰福音》第九章里，基督问：“这个人生下来就双目失明，那是谁的罪过？是他自己的还是他父母的？”然后基督回答说：“不是这个人的罪过，也不是他父母的罪过，而是在这件事发生后，上帝就能够施展他的能力去治愈他。”

我们的天父让一些人生下来就带有社会所谓的“残疾”，我为此心存感激。因为正是这样一群人，拥有给我们这个世界带来积极影响的力量，拥有为基督彻底改变其他人的力量。在我看来，他们并不是残疾人。真正的残疾人是像我这样的人，瞧不起别人，怀疑上帝为我所作的人生规划，害怕和别人谈论上帝，因为容易被周围的人伤害而度日如年。正是常常被我们的社会甚至我们的教会忽视的这群人，拉起了我的手，指引我相信上帝的承诺，无数次以难以想象的方式改变了我的人生。

我参加过多次露营活动，有无数个小时陪伴在有发育障碍的成年人左右。这些经历让我下定决心，要在今年秋天进入研究院，将来拿到心理咨询学位，而我的职业目标就是有一天能为发现孩子身患残疾的父母提供咨询服务——无论那些父母是在孩子出生前就发现额外染色体，还是后来才注意到孩子有孤独症的迹象。

我的热情和梦想就在于让我们的社会不但接受残疾人，而且还要辅助残疾人，让他们帮助基督感化人类，哪怕一次只感化一个人！

贝利在她的电邮中用美好的语言表达了成为仆人式领袖的快乐，

你不这么认为吗？当你为他人服务的时候，你自己的心就得到了治愈。我最大的一种快乐就是看着别人成功，或者成为鼓舞和激励另一个人的救生索。我认为年轻人能像贝利那样加入仆人式领袖的队伍，是种很棒的体验——无论是在私人疗养院做志愿者，还是协助残疾人做事，或者在庇护所里帮忙。

我鼓励你通过为别人服务来播撒善的种子。你可能会像贝利一样发现，你改变的是你自己的人生。

永不止步

第十章 平衡生活

UNSTOPPABLE:
The Incredible Power of Faith in Action

和葛培理牧师（比利·格雷厄姆）第一次见面的时候，我想对他绽放出一个笑容，但是这位九十二岁的著名布道家想要做的是更严肃的事情。他想要和我的心、我的灵魂对话。

2011年，我在瑞士的一个会议上见到了葛培理牧师的女儿安妮·格雷厄姆·勒茨——一位布道者，她邀请我和佳苗到葛培理牧师位于北卡罗来纳州山上的家里去拜会他。收到那份邀请我们受宠若惊。一个月后，我们动身了。在通往山间小屋的车道上，我们一路欣赏着美丽的风景，于是更加兴奋起来，感觉仿佛置身于仙境。我们在蓝岭山脉里越爬越高，每转过一道弯都会看到更加干净的蓝天，天堂仿佛触手可及。

或许是海拔较高和空气稀薄的缘故，我还开始感觉到一丝焦虑，这不像平常的我。葛培理牧师是我的布道家榜样，在历史上成就卓越、地位显赫，所以我一想到要和他见面，就心生怯意。他到过一百八十七个国家，是世界领袖的精神导师。亲临现场和从电视上听他讲道说教的人有数十亿。他指引三百多万人把耶稣基督奉为他们的救世主。而在过去五年里，葛培理布道协会播出了一个全球性的电视节目，单是这一项尝试就让那个数字又增加了七百万人。

2005年，这位人称“美国国师”的牧师在纽约市一个为期三天的活动上给二十三万多人讲话，那是他最后一次公开露面，按计划也是他四百一十八次传道会的最后一场。葛培理牧师在一生中通过许多种渠道去接触世界人民。让我特别佩服的是，他号召基督教所有派别的教会齐心协力地为上帝和上帝的孩子们服务。

近些年葛培理牧师由于健康问题而无法再公开露面，但他伟大的国际形象仍让人记忆犹新。有人告诉我，就在几个月前，奥巴马总统曾行驶在同一条盘山道上去见他。不过我并没有因此而平静下来。

当葛培理牧师迎接我们的时候，我尝试开了一个小小的玩笑来打破僵局，不过他并没有笑出来。事实上，他完全忽视了我紧张中展现的幽默感。

“安妮跟我说你要来的时候，我非常兴奋，因为对你的事工我一直都有耳闻。”他说，“主在今天凌晨三点钟把我叫醒，为我们的这次会面祈祷。”

那天安妮一直和我们在一起。她之前提示过我们，她的父亲患上了肺炎，还有一些别的毛病，她说他可能很容易疲倦。而在我们聊天的时候，他虽然看起来很虚弱，但声音却很有力，让一个经常听他讲话的人感觉十分亲切。

葛培理牧师对我说，他把我看成了下一代人、他布道事业的继承人，为了让我做好准备，他有一些蕴含智慧和鼓励的话想对我说。他说，我们生存在激动人心的时代，身为布道者，无论我们要经历怎样的逆境，都要记得我们的职责是传递耶稣基督的福音。

我对他说起我在世界各国的旅行，甚至还有一些信奉伊斯兰教的国家。他提醒我，讲道的时候不要冒犯其他宗教，不要对信奉其他宗教的人说他们是错的，而是要“一直坚持爱和尊重”，让分享福音成为我唯一的工作内容。

“你的职责是传播真理，而且只传播福音的真理，但是不要针对任何人或组织。”葛培理牧师说，“真理有强大的力量，会让心灵得到自由。”

葛培理牧师听说我和佳苗的婚礼计划时，恭喜了我们，并且让我们尽快结婚，然后他为我们的事工和我们两人祈祷。那次会面让人难忘，和他聊天就好像对着《旧约全书》里的一个人物说话——比如亚伯拉罕或摩西，因为他在我们的精神人生中扮演了那么久的关键角色。

葛培理牧师的仁慈深深触动了我们。他一边小口咬着巧克力曲奇饼，一边谦卑地反思他的人生。他对我们说，他想念在2007年就去世的妻子露丝。他说他唯一的遗憾就是没能记住更多的经文，而在信念方面，葛培理牧师说他本来应该花更多时间臣服在耶稣的脚下，告诉他自己有多么爱他！

我确信葛培理牧师忘掉的经文比我们将要学到的还要多得多，我同样确信他对主表达出来的爱比我们任何一个人都要多得多。然而这个传奇式的布道家还谈到，他希望自己当初能多花一些时间陪伴自己的家人，希望他当初能多做些事来展示他对上帝的信念和爱。

超级偶像的这些反思启发了我，既然现在的我已经不再是一头孤狼，那么是时候对我的事工工作做出一些调整了。其实我已经发现，如今哪怕只是离开佳苗一两天都是煎熬。我和她希望至少有四个孩子，我想在他们成长的过程中一直相伴左右。

我还想长时间地陪伴我的家人，所以我计划减少旅行次数。我会更多地通过更宽敞的场地、更大型的活动和教会组织的合作，以及借助媒体和社会网络向外传播我的信息。我们目前已经开播了一个适用于所有年龄段的电台节目，我希望有一天也能在互联网上播放。

为人生制订平衡计划

听着葛培理牧师反思他身为布道家的漫长而精彩的职业生涯，我也收住了脚步，想着当我到了人生的那个阶段时会希望回首看到什么。我们很容易身陷日常挑战，比如谋求生计、克服障碍、处理问题、维系生命，因此可能忽视人际关系和精神锻炼，顾不得深入了解世界，甚至顾不得身体的长久安康。

我们不应该以为自己在实现了某个目标或者得到了某样东西后，幸福就会在某一天来敲门。幸福应该是你随时都能得到的，而方法就是在精神、智力、感情和身体方面做好平衡。

有一种方式可以让你判断出适合自己的平衡模式，那就是想象自己生命结束的那一刻，然后按照一种不会让自己在那一刻心生遗憾的方式生活。你可以根据自己想在年老时成为的那种人和做出的成绩为自己构想出一个新形象，这样你在人生旅程中迈出的每一步就都会让你更靠近你想要到达的地方。

我相信如果你在想象中创造出自己心目中的人生，你就有可能在现实中创造出那个人生，通过每一分、每一小时、每一天的努力。不要再考虑你的业务计划或购房计划，想一想你的人生计划吧。有人针对构思人生计划提出过一种建议，就是设想一下你的葬礼，思考一下到时候你希望自己的家人和朋友怎么评述你这个人、你的人格、你的成就，以及你将怎样影响他们的人生。那种方法可能对你管用，但是我不喜欢设想把我爱的那些人留在世上——即使我要去天堂追随上帝。

我更愿意把自己放在葛培理牧师的位置上，就像我们那天在他的山中小屋中见面时他的样子。在为上帝做了那么多贡献之后，这个伟大的男人在将要走到他非凡人生的尽头时仍有一些遗憾。这或许是不可避免的。很少有人能够实现一个完全平衡的人生，但是我觉得值得为之努力。我希望你也这么做。

我压根儿就不想有任何遗憾，虽然这可能不太现实，但是我会尽力而为。所以我用“平衡”指针重新设定了力克的生命时间表。如果你和我有一样的感觉，认为所有人都应该即刻停下脚步，审视一下自己走过的路以及此刻身处的位置和想去往的方向，思考一下如何成为一个被人们铭记的对世界有积极贡献的人，那么你也可以重新设定你的生命时间表。

虽然没有双腿带来的便利条件，但我在二十多年的岁月里基本上都在全速前进，你可能认为一个管理一家全球性事工组织和一家公司的年轻单身汉理应如此。我似乎要把全世界的重量都扛在肩上，我为我的非营利性组织和我的公司承担了许多责任。葛培理牧师建议我多分担一些重量出去，享受一种由我的信念和家人建立起来的更平衡的人生。我认为上帝一定是在借葛培理牧师这个忠诚的仆人对我说出那番话，因为我在遇到葛培理女儿的那个瑞士会议上也听到了这种信息。

放眼全球

我和安妮·格雷厄姆·勒茨在2011年都参加了达沃斯世界经济

论坛。我是论坛上最后一个活动的座谈小组的成员，小组主题为“励志人生”。和我同在这个小组的都是难以言喻的励志人物，其中包括德国经济学家克劳斯·施瓦布——世界经济论坛的创始人和主席，克里斯蒂娜·拉加德——时任法国经济、财政、工业部长，之后很快被任命为国际货币基金组织的总裁。座谈小组中还有两个年富力强的小伙子来自世界改变者（Global Changemakers）组织——一个由年轻活动家、改革家和企业家组成的国际团体，他们一个是新西兰的丹尼尔·约书亚·卡伦姆，一个是巴西的拉奎尔·海伦·席尔瓦。

就像其他人已经注意到的一样，有时世界经济论坛会被谬传为一个非常枯燥的会议，说它是“穿着灰色套装、有着灰色想象的灰色男人聚在一起的闲聊”。事实上，参加这个会议的是两千多个形形色色的男人和女人，他们大多数都在各自的领域担任领导者角色，而且会议的主题范围非常广阔，也非常吸引人。我们的座谈绝对不枯燥，实际上座谈小组的每个人和聚在那里的所有听众都时不时地热泪盈眶。

值得一提的是，那天克里斯蒂娜·拉加德拥抱了我至少两次！她对我非常热情，说我所做的事激励了她。我敢肯定，教我财务规划和会计的那些教授如果看到他们的学生被即将成为国际货币基金组织总裁的人如此礼待，一定会感到自豪。（只要你在YouTube.com里搜索我的名字和“世界经济论坛”，就能看到我的发言。我们那个座谈的视频是2011年论坛网络点击次数最多的一个。）

我们在瑞士讨论的内容的焦点是找到让世界变得更美好的方法，另外我们也探究了精神层面的话题。据安妮·格雷厄姆·勒茨回忆，整个论坛都能看到一种精神元素，这并不常见。连施瓦布教授自己都说，在会议期间，全世界面临的政治和经济问题都要从信仰团体中找答案，为此他列举了基督教、伊斯兰教、印度教和佛教。

安妮·格雷厄姆·勒茨后来在她的网站（www.annegrahamlotz.com）上写道，她在论坛上“看到基督以他的正直和正义，对支配政策体制数十年的贪婪和私欲进行了揭露，让全世界的商务和经济领袖为之震撼。结果现在很多领袖似乎都认可了共享价值观的想法，并且正在寻找超越传统权力壁垒和世俗认知的答案。上帝是不是有意让世界面临一些看起来人力无法解决的问题，以促使领袖们上下求索？如果他们心向上帝，那么上帝就会赐予他们智慧、洞察力和解决方案，那是他们已经很丰富的知识和经验无法比拟的”。

我和安妮一样，看到这个云集了全球领袖的会议如此开诚布公地讨论寓信念于行动的力量时，精神为之一振。我当然不会忘记，我在刚刚经历了个人经济危机后，就在世界经济论坛上做了演讲嘉宾。上帝真是够有幽默感的，不是吗？

就像我之前提到的，我相信上帝想在论坛上向我传达一种平衡生活的信息，就像上帝几个月前在葛培理牧师的小屋里借他传达给我的那样。事实上，在达沃斯传达这种信息的正是世界经济论坛的创始人。我们座谈小组的领导施瓦布教授提到了管理个人资产负债表，他说那和企业的资产负债表不一样，个人资产负债表应该在一个人生命结束时显示支出大于收入。克里斯蒂娜·拉加德对资产负债表略知一二，她补充说，即使在我们的人生不是完全平衡的时候，我们也能够对别人的人生做出贡献，哪怕要给予的只是一个微笑或一句好话。

全心投入

如此博学多才的人们都谈论平衡人生，我们应该备感鼓舞，然后努力让自己人生的方方面面都变得圆满——智力、身体、感情和精神，这样你就可以持续发展和发挥你的精神威力、你的身体健康、你的感情幸福和你的信念力量。

我们在人生中有各种压力，因此让四个领域都保持绝对完美的平衡可能不切实际。毕竟，我们可怜的大脑会负荷过重，我们的身体会出现故障，我们的人际关系会潮涨潮落，秉持信念的人生需要不断地保持警醒和做出调整。然而，留心每一种要素和努力实现平衡是一个值得争取的目标。我希望自己能够在生命结束的时候，知道我已经尽力，尽管可能像我自己一样并不完美。

现在我的人生中有了佳苗，而且我们组建了家庭，所以我要为我爱的那些人照顾好自己。我再也不能自私地透支我的身体，包括劳累过度、饮食不健康和无暇运动。我必须坚持管理好自己的感情，这样才能把我的妻子放在第一位，在这个领域关注、鼓励和支持她的需求。在智力上，我想继续扩大我的知识面，让我能够跟上她的脚步，并且成为我们孩子的智慧源泉。在精神上，好吧，这是一个对我们两人来说都至关重要的领域，因为我们希望一起做基督教布道者，鼓励和引导其他人信奉耶稣基督、我们的主和救星。

我们必须判断出什么是对自己最好的，什么能实现我们的目标，什么能给我们的内在和外在人生最大的支配感和满足感。如果你感觉自己不合时宜、停滞不前、缺乏动力或没有人爱，那么你可能需要回归正轨。反省你人生的各个领域，想一想你是否对每一个领域都给予了足够的关注。然后通过修订计划来解决被你忽略的身体、感情、智力和精神领域的问题。

在寻找平衡的时候有几件事要记在心里：

1. 你是独一无二的，所以你必须“根据自己的条件、关系和需求来判断出你的平衡应该是什么样”。一个单身的人肯定会和已婚或已育的人有不同的评判标准。随着你的环境和条件改变，你的平衡可能也会发生转变。重要的是，你要意识到让人生所有领域保持协调的需求，并且随时准备在有需求的时候做出调整。

2. 保持平衡不等于掌控。你不能控制和你同行在一条道路上的每一位司机和每一辆汽车，更不能控制你人生的所有领域。你能尽力的只是对所有可能发生的事保持警惕，并且给出机动灵活和深思熟虑的回应。

3. 不要感觉你必须孤身一人。澳大利亚人和美国人特别容易患上孤胆英雄或独行侠综合征。我的父母亲会很喜欢看到这一条，因为他们的儿子力克在年轻些的时候就不善于分享感受和听取建议。我经常一意孤行，然后撞得头破血流后才学会了许多教训。你可能会犯同样的错误，但至少要接受一种可能性，就是那些最关心在乎你的人可能会有某种值得借鉴的建议。你要想，他们可能不是要控制你，而是要帮助你。听他们的话并不是软弱或依赖的标志，而是坚强和成熟的标志。

4. 运用你的天赋和热情。我所认识的平衡、稳定、幸福和满足的人大多以持续发展和充分发挥他们的才能和兴趣为核心来打造人生。他们没有工作，甚至没有职业。他们拥有的是热情和目标，他们为此全身心投入。如果你做的是自己热爱的事，并且能借此养活自己，你这一生就不必按天工作，而且退休也只是别人的事。

5. 当你得不到自己想要的东西时，试着让它给予别人。如果你赶不上休息的时间，为什么不给别人一个休息的机会？如果没有人主动接触你，你就要主动去接触某个比你更有需要的人。别再一味关注你自己的问题，而是去帮助别人处理他们的问题。这样你除了丢掉自怜以外，还会丢掉什么呢？有时候，治愈你的身体、智力、感情和精神的最好办法就是成为身边某个人的安慰和支持来源。赠人玫瑰，手有余香。

6. 在人生中保持感恩的状态，并且能笑就笑。在某些日子里，你会感觉人生似乎把一整车的砖头都一块块地扔在了你的身上。逃脱那堆砖头的最好办法就是升到比它更高的位置，而感恩和好心情就是重要的人生升降梯。你不要对那些擦伤了你的砖头破口大骂，而是要对这个面对挑战的机遇心存感恩，并且因此成长起来。如果没有别的，你也要为上帝给了你新的一天，让你有机会发挥作用，迈步向前，和你爱的人一起欢笑而感恩。

凡事都有定期

所有人都相互关联。我们都有人类的基本需求：爱与被爱。我们都想有一个为之努力的目标，都想知道我们的人生具有价值。平衡人生还意味着与其他人和谐共存，为此你可能要抛却自我，去分享更重要的东西——一个更加完整的人生。

我单身了太长时间，所以当我终于找到爱情的时候，必须马上做出一些调整。我很早就想和某个人共度此生，但是从某些方面来说，我并没有为它的实际含义做好准备。由于我的人生不再仅仅属于我自己，所以我原来的平衡被颠覆了，这就好像让另外一个人跳上你的独木船，霎时间一切都要转变。你要调整你在船上的位置，虽然负载更重了，但是船桨的力量也更强了。如今你们要在保持船身直立的同时，齐心协力去往两个人都想去的地方。

突然之间，佳苗的愿望、需求和感受被纳入考量，对她重要的事也要成为对我重要的事，我们的所有人际关系都错综在一起。现在我的优先排序是上帝、佳苗、我们的家人和朋友、其他一切。

我的目标是，不断把我势不可当的信念付诸行动，这样上帝在我心里的爱就会显现为我对待和照顾自己的妻子以及人生中的每一个人的方式，我希望这也是你的目标。光是拥有信念还不够，你要运用你的信念，为之行动起来，与人分享它，这样其他人才会在你的激励下像你一样去爱上帝。

有些人虽然了解“上帝的道”（Word of God）并且做礼拜，但是他们不了解圣灵的力量。他们个人和主没有任何关系，而这种关系只有在你走出去和寓信念于行动的时候才能拥有。我领悟到，每当我在人生中以上帝为荣耀并服务他人，上帝就会增加他的福佑。

我何其幸运，拥有那么出色的LWL董事会和员工。他们鼓励我，为我祈祷，上帝用他们来为我奠定基础。我有巴塔·胡哲叔叔，正是在他的帮助下，我才相信了主确实召唤我为他所用。这一点巴塔叔叔在十年前就已经看透，并且在主的指引下，他和大卫·普莱斯、唐·麦克马斯特、丹尼尔·马卡姆牧师这其他几位董事会成员一起，帮助我在美国建立了基地和总部。我有幸得到人们对LWL事工组织的信任。他们不仅为我们祈祷，而且还资助我们，让我们能够帮助和激励世界上的数百万人。

许多人用他们的祈祷支持我，那是力量和鼓舞的重要来源。另外，巴塔叔叔的一个梦境也给了我鼓励，以下是他的描述：

> 几年前，力克来到我们家，和我们一家人共进晚餐，一起休闲。用过晚饭后，我们在一起花了好长时间来制订战略

和规划新事工组织的前景和活动。正是在那晚，力克回家后我就做了一个非常生动逼真的梦。

当我醒来的时候，我把做梦的事告诉了我的妻子丽塔。梦里，我待在一大群人中间，突然一个不明身份的人站起来，用响亮的声音迫切地问我："力克·胡哲是谁？"我想都没想就马上对那个人说："去翻看《新约·使徒行传》第九章第十五小节。"

接下来那个场景再次出现，不过这一次是同一群人中的另一个人问我同样的问题，他的声音响亮而急迫："力克·胡哲是谁？"

我重复着我的回答："去翻看《新约·使徒行传》第九章第十五小节。"

当我把梦里的情节讲给我的妻子听后，我问她是否知道《新约·使徒行传》第九章第十五小节讲了什么。当时我们两个人都不知道那段的内容，于是我们找来《圣经》，翻开《新约·使徒行传》第九章第十五小节。经文中写着："你去吧，因为他是我选中的工具，要在外邦人、君王和以色列子民面前弘扬我的名字。"

那之后的星期天，我把梦境讲给了我们拉普恩特教会的教众们听，以此为力克的事工组织做证，为他弘扬耶稣基督的福音和王国的事业做证。我坚信力克是主选中的工具，所以我把梦境作为证词宣讲出来，而且以后还会继续这么做。很显然，力克"伟大使命"的完成过程正是LWL的要旨，而且和主在《马可福音》第十六章第十五小节中的指示相辅相成："你们要去世界各地，把福音传给每一个生物。"

另外，《启示录》第十四章第六至第七小节中也有一段类似的话：“我又看见一个天使飞在空中，把永恒不灭的福音传给居住在凡间的人们，就是各国、各族、各方、各民，天使高声喊着，敬畏上帝，带给他荣耀；因为他审判的时刻已经到了：崇拜他，是他创造了天、地、海和众水泉源。”还有《马可福音》第十三章第十小节中也说道：“福音必须先传给万民。”

我几年前的梦境，再加上亲眼见证主为了让力克传播福音而对事工组织敞开无数扇门，让我得到了一种持续不断的鼓励。按照主的指引，只要我确信力克没有危害到教义真理，不会有损他作为上帝选中的工具的身份——而且只要他保持忠实、坦率、诚挚、谦卑和温顺，我就会一直以兄弟和董事的身份支持他和LWL事工组织。

就像你能够猜到的，巴塔叔叔一直在帮我坚持专注于自己的目标，确保我寓信念于行动。当我穿过机遇的大门去分享自己找到的爱和希望时，我的人生变得越来越丰富、越来越快乐、越来越满足。我的演讲无论是在学校里、企业中、研讨会上，还是在国际代表大会上，我的演讲对象无论是孤儿、曾经的性奴，还是总统，我总是会问：“但你是怎么做的呢？你是怎么走出低谷的？你找到的希望的根基是什么？”我的人生建立在我的信念和经文教导之上，我的信心、我的信仰体系、我的果断、我的坚持、我的忍耐力都来自它们。有信念引导我的行为，我就能够找到智力、身体、感情和精神的平衡。

每当我需要激励来寓信念于行动的时候，就会想起我的塞尔维亚籍祖父母和外祖父母，他们都因信仰基督而遭到迫害。当时的政府不给他们信仰自由，为了坚持人生信念，他们不得不逃离了祖国，所以我才会在澳大利亚长大。我的祖父和外祖父如今都已经升入天堂，这点我坚信不疑，而他们还在世的时候我确实得到了从他们那里找到建议的机会。

我的祖父总是告诉我要“相信和遵守”我的信念。他引用了《诗篇》第一章第三小节中的内容：“他就像是一棵种在河边的树，在季节到来的时候奉献果实，树的叶子也不会枯萎凋谢；他的任何作为都会发扬光大。”当你深深植根于信仰的时候，你就势不可当。

我的外祖父鼓励我的方式很像葛培理牧师。外祖父说：“传播福音，不要添油加醋，也不要断章取义。”他也相信上帝的真理会让我们自由。

我有幸出身于这样一个睿智的宗教家庭。有了他们的持续支持，我希望自己变得势不可当，一路把我从信念中找到的爱和希望告诉给人们，把从寓信念于行动后发现的奇妙结果告诉给人们，以此来激励他们。我希望你已经从这本书中汲取了力量，得到了激励。基督给了我力量，让我为他的目标所用。我的使命是鼓励其他人找到自己的目标和满足感，并且如果可以的话，帮助他们找到一条通往永恒幸福的道路。我知道上帝爱整个世界，他爱你至深，所以他一定会让你读到这本书，让你因它得到激励！我爱你，并且为你祈祷。先行谢过你要回报给我的爱和祈祷。

鸣 谢

我最想要感谢的是上帝：圣父、圣子、圣灵。

我的妻子佳苗给了我许许多多的爱、关心、支持和祈祷，能有机会感谢她给予我的这一切，我快乐得无以言表。我爱你，我的爱！

我要感谢我的父亲和母亲，鲍里斯·胡哲和杜什卡·胡哲，他们是我人生的强大支柱。谢谢你们，爸爸、妈妈！我的弟弟艾伦是我婚礼的伴郎——谢谢你和你的妻子米歇尔，谢谢你们爱我，让我站住脚。我的妹妹米歇尔——谢谢你相信我和我的梦想。致我新的家人，宫原一家和奥苏纳一家，我的岳母埃斯梅拉达，我新的兄弟圭介、贤治、亚伯拉罕，还有我新的姐姐佳慧——谢谢你们爱我和让我成为你们的家庭成员。

再次感谢我的亲人和朋友这么多年来一直支持我，在我迈出每一步的时候给我鼓励——你们全都很重要，谢谢你们。乔治·马克西米利安——你帮我在美国创立了LWL总部，为此我祈祷上帝不断支撑你，指引你和保佑你。

感谢LWL董事会成员及其家人：巴塔·胡哲、大卫·普莱斯、丹尼尔·马卡姆、唐·麦克马斯特、特里·摩尔、乔恩·菲尔普斯。LWL顾问委员会的成员，也谢谢你们。特别要感谢LWL忠诚、勤勉和充满信念的员工，你们的工作总是那么出色。感谢伊格内修斯·何，是你帮助我领导LWL香港分会。感谢拿撒勒的使徒基督教会，特别是帕萨迪纳，谢谢你的支持。还要感谢AIA公司的员工和团队一直以来支持我，为我祈祷，信任我。

我想特别对韦斯·史密斯和他的妻子莎拉说一句“谢谢你们”，感谢你们对我的支持。韦斯，你是我找到的最好的写作伙伴，我为我们迄今为止完成的这两本书而自豪。

再次感谢我的文稿代理人，杜普里米勒合作公司的扬·米勒·里奇和妮娜·马杜尼雅，他们从一开始就对我和我的目标拥有信念。我还要对我的出版商瓦特布鲁克出版公司（兰登书屋的分公司）及其优秀团队致以深深的谢意，包括一直鼓励和支持我的迈克尔·帕尔根、加里·詹森、史蒂夫·科布和布鲁斯·尼格伦。

最后，同样重要的是，感谢所有为我祈祷的人，我的妻子、我们的事工、我们的资助者。感谢你们帮助我们实现LWL的目标。

保佑这本书的所有读者。我祈祷，让我的语言以一种新鲜而有活力的方式开启你的心灵和智慧，促使你寓信念于行动，同时激励其他人和你做同样的事。

关于作者

力克·胡哲，励志演讲家、布道者、作家、非营利性组织LWL（没有四肢的生命）的负责人。力克已经成了能够带给全世界人民巨大鼓舞的人物，他经常以克服障碍和实现梦想为主题为人们演讲。

他长期居住在澳大利亚，现已和妻子佳苗移居美国南加利福尼亚州。想了解更多，请登录他的网站 www.LifeWithoutLimbs.org和www.AttitudeIsAltitude.com。